国家出版基金项目
NATIONAL PUBLICATION FOUNDATION

有色金属理论与技术前沿丛书

斑岩相关矿床复杂系统的计算模拟

COMPUTATIONAL MODELING OF THE COMPLEX
PORPHYRY – RELATED DEPOSIT SYSTEMS

孙 涛　刘亮明　著

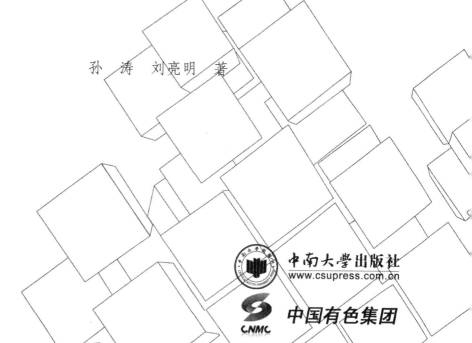

中南大学出版社
www.csupress.com.cn

中国有色集团

内容简介
Introduction

　　斑岩型矿床通常被认为是比较简单的，然而许多与斑岩相关的矿床实际却是非常复杂的。本书以两个与斑岩相关矿床(一个铜钼矿床、一个金矿床)为实例，以计算模拟为主要手段，通过三维形态模拟、地质属性场的模拟、分形－多重分形统计模拟和成矿动力学数值模拟揭示矿床的复杂性特征，进而分析非线性成矿动力学机制。内容包括：地学三维计算模拟(形态模拟、属性模拟、动力学数值模拟)的原理和建模方法；分形－多重分形原理及计算方法；通过计算模拟与分形－多重分形分析揭示车户沟斑岩型铜钼矿床以及大王顶斑岩相关金矿床的复杂的空间变化规律及其动力学原因。

　　本书可作为资源勘查和地理信息系统等相关专业的高年级本科生和研究生的参考书，也可供从事矿床勘查与开发、数字矿山、三维地质建模及动力学数值模拟等方面的科技工作者使用。

作者简介

About the Authors

孙涛,男,1985年生,江西赣州人,理学博士,现为江西理工大学资源与环境工程学院教师。2003年进入中南大学地球科学与环境工程学院就读于地质工程专业,2007年获工学学士学位并于同年进入中南大学地球科学与信息物理学院计算地球科学研究中心开始从事数学地质和地学计算模拟方面的研究,师从刘亮明教授。2014年获矿物学、岩石学、矿床学博士学位。参与3项国家自然科学基金和多项横向课题,在国内外期刊上发表论文5篇,包括作为第一作者被国际SCI收录的论文一篇。

刘亮明,男,1964年生,湖南新邵人,1996年获原中南工业大学(现中南大学)矿产普查与勘探专业博士学位。现为中南大学地球科学与信息物理学院计算地球科学研究中心教授,博士生导师,主要从事矿床预测与勘探、成矿构造以及地质系统计算模拟方面的教学与研究。已在该领域发表学术论文100篇以上,其中被SCI收录论文超过20篇,获教育部自然科学二等奖2项,有色金属工业科技进步一等奖1项。

学术委员会
Academic Committee

国家出版基金项目
有色金属理论与技术前沿丛书

主　任
王淀佐　中国科学院院士　中国工程院院士

委　员（按姓氏笔画排序）

于润沧　中国工程院院士　　古德生　中国工程院院士
左铁镛　中国工程院院士　　刘业翔　中国工程院院士
刘宝琛　中国工程院院士　　孙传尧　中国工程院院士
李东英　中国工程院院士　　邱定蕃　中国工程院院士
何季麟　中国工程院院士　　何继善　中国工程院院士
余永富　中国工程院院士　　汪旭光　中国工程院院士
张文海　中国工程院院士　　张国成　中国工程院院士
张　懿　中国工程院院士　　陈　景　中国工程院院士
金展鹏　中国科学院院士　　周克崧　中国工程院院士
周　廉　中国工程院院士　　钟　掘　中国工程院院士
黄伯云　中国工程院院士　　黄培云　中国工程院院士
屠海令　中国工程院院士　　曾苏民　中国工程院院士
戴永年　中国工程院院士

编辑出版委员会
Editorial and Publishing Committee

国家出版基金项目
有色金属理论与技术前沿丛书

主　任
罗　涛（教授级高工　中国有色矿业集团有限公司原总经理）

副主任
邱冠周（教授　中国工程院院士）
陈春阳（教授　中南大学党委常委、副校长）
田红旗（教授　中南大学副校长）
尹飞舟（编审　湖南省新闻出版广电局副局长）
张　麟（教授级高工　大冶有色金属集团控股有限公司董事长）

执行副主任
王海东　王飞跃

委　员
苏仁进　文援朝　李昌佳　彭超群　谭晓萍
陈灿华　胡业民　史海燕　刘　辉　谭　平
张　曦　周　颖　汪宜晔　易建国　唐立红
李海亮

总序 /Preface

当今有色金属已成为决定一个国家经济、科学技术、国防建设等发展的重要物质基础，是提升国家综合实力和保障国家安全的关键性战略资源。作为有色金属生产第一大国，我国在有色金属研究领域，特别是在复杂低品位有色金属资源的开发与利用上取得了长足进展。

我国有色金属工业近30年来发展迅速，产量连年来居世界首位，有色金属科技在国民经济建设和现代化国防建设中发挥着越来越重要的作用。与此同时，有色金属资源短缺与国民经济发展需求之间的矛盾也日益突出，对国外资源的依赖程度逐年增加，严重影响我国国民经济的健康发展。

随着经济的发展，已探明的优质矿产资源接近枯竭，不仅使我国面临有色金属材料总量供应严重短缺的危机，而且因为"难探、难采、难选、难冶"的复杂低品位矿石资源或二次资源逐步成为主体原料后，对传统的地质、采矿、选矿、冶金、材料、加工、环境等科学技术提出了巨大挑战。资源的低质化将会使我国有色金属工业及相关产业面临生存竞争的危机。我国有色金属工业的发展迫切需要适应我国资源特点的新理论、新技术。系统完整、水平领先和相互融合的有色金属科技图书的出版，对于提高我国有色金属工业的自主创新能力，促进高效、低耗、无污染、综合利用有色金属资源的新理论与新技术的应用，确保我国有色金属产业的可持续发展，具有重大的推动作用。

作为国家出版基金资助的国家重大出版项目，"有色金属理论与技术前沿丛书"计划出版100种图书，涵盖材料、冶金、矿业、地学和机电等学科。丛书的作者荟萃了有色金属研究领域的院士、国家重大科研计划项目的首席科学家、长江学者特聘教授、国家杰出青年科学基金获得者、全国优秀博士论文奖获得者、国家重大人才计划入选者、有色金属大型研究院所及骨干企业的顶尖专家。

国家出版基金由国家设立,用于鼓励和支持优秀公益性出版项目,代表我国学术出版的最高水平。"有色金属理论与技术前沿丛书"瞄准有色金属研究发展前沿,把握国内外有色金属学科的最新动态,全面、及时、准确地反映有色金属科学与工程技术方面的新理论、新技术和新应用,发掘与采集极富价值的研究成果,具有很高的学术价值。

中南大学出版社长期倾力服务有色金属的图书出版,在"有色金属理论与技术前沿丛书"的策划与出版过程中做了大量极富成效的工作,大力推动了我国有色金属行业优秀科技著作的出版,对高等院校、研究院所及大中型企业的有色金属学科人才培养具有直接而重大的促进作用。

2010 年 12 月

前言
Foreword

斑岩型矿床是一类具有重大经济价值、也存在较大研究难度的矿床。非典型的斑岩矿床的矿化特征和形成机制尤其复杂。计算模拟有助于增进对这类矿床复杂空间结构和成矿动力学过程的理解。

本书选择与斑岩有关的大王顶金矿和车户沟钼铜矿为研究对象,在地质研究的基础上,通过形态模拟研究了成矿斑岩体的复杂空间形态;结合分形计算和属性模拟识别了不同矿化区,查明了成矿元素的空间富集规律;通过动力学数值模拟和时间序列的 R/S 分析揭示隐藏在复杂时空表象下的非线性成矿机制。取得了以下 5 个方面的主要成果:

(1) 为了尽可能地克服现有模拟方法的局限,最大限度地发挥各种模拟方法的优势,本书进行了以下几方面的创新性尝试并取得了满意的效果:①发展了一种"基于多级约束的多源数据融合法"的形态模拟方法,可以有效地集成多源数据用于构建复杂的地质形态模型;②应用分形方法定量分析空间结构模拟和动力学过程模拟,从而将成矿系统时-空两方面的模拟结合起来分析讨论;③将 R/S 分析应用于研究动力学模拟的时序过程,挖掘了其中蕴含的非线性演化信息。

(2) 三维形态模型显示了大王顶斑岩体呈现不规则的棱柱状,结合岩体的边界特征,推断岩体是在引张的构造环境下,沿着两组断裂的交叉部位被动侵位的,岩体侵位过程中,又追踪了岩层间的滑脱空间,从而造成了岩体复杂的空间形态。

(3) 通过分形模型和成矿元素浓度场模型揭示了金元素主要富集分布在大王顶岩体上接触带北侧,动力学数值模拟的结果表明力-热-流耦合动力学过程产生的强扩容变形直接制约了金元素在空间上的富集分布,而最强烈的扩容变形正好发生在岩体上接触带北侧。产生这种制约关系的动力学原因在于扩容和随之而来的流体减压有利于成矿流体汇聚和矿石沉淀。

(4)通过车户沟矿床的空间结构模拟揭示了钼铜矿化与花岗斑岩和角砾岩的密切关系，矿化角砾岩主要分布在斑岩体的西南，高品位矿石聚集分布在斑岩-角砾岩台阶状接触带产状平缓的部位。动力学模拟的结果表明强扩容变形是制约本矿床角砾岩化和钼铜矿化不均匀的关键因素，这种扩容变形的本质是流体超压引发的水压致裂。

(5)综合两个矿床计算模拟的研究成果，揭示了不同构造环境对斑岩成矿的制约作用：①引张和挤压应力场会引发不同的成矿动力学过程。在引张应力作用下，张性破裂会很快出现，引起扩容和流体减压；在挤压应力的作用下，岩石首先发生缩容，引起孔隙度减小从而不断提升流体压力，这种流体超压累积到一定程度就会引发水压致裂，造成强烈扩容和流体迅速减压。②在不同的成矿驱动力作用下成矿系统表现出不同的非线性时序行为特征。当成矿驱动力主要为引张应力时，时序状态会很快进入有利成矿-迟滞成矿的非稳定性持续循环过程，这种过程可以在一个成矿阶段内多次上演，并在正相关的持久性的影响下递进叠加导致成矿；当成矿驱动力主要为挤压诱发的流体超压时，迟滞时序状态最早出现并一直持续，直至驱动力累积到一个临界点后爆炸性地释放，随后进入有利时序状态并快速向成矿递进演化，这个过程在一个成矿阶段内不会循环出现，因为这种时序演化的长度小于一个自然序列的循环演化长度。

本书研究工作获得国家自然科学基金项目"浅成岩体接触带耦合多相系统动力学计算模拟及其成矿作用分析"（编号40772195）、"浅成岩体热液成矿系统流体超压和泄压及其动力学计算模拟"（编号41240017）和"岩体引发流体压力时空变化及其成矿响应的计算模拟"（编号41372338）以及中国冶金地质总局中南局、铜陵有色金属集团股份有限公司委托的多个研究项目的资助，在此一并致谢。

作 者

2016.3.10

目录 / Contents

1 绪论 (1)
  1.1 研究意义 (1)
  1.2 研究进展综述 (2)
    1.2.1 斑岩型矿床复杂性的研究进展 (2)
    1.2.2 地学计算模拟的研究进展 (3)
  1.3 研究思路、研究方法与技术路线 (6)
  1.4 主要研究成果与创新点 (7)

2 计算模拟的基本原理和方法 (9)
  2.1 Delaunay 三角网及剖分算法 (9)
  2.2 克立格(Kriging)插值 (12)
    2.2.1 克立格法的理论基础 (12)
    2.2.2 克立格法的数学表述 (13)
  2.3 分形计算与分析 (15)
    2.3.1 分形的定义 (15)
    2.3.2 分形维数及其计算方法 (17)
    2.3.3 多重分形 (18)
    2.3.4 R/S 分析法 (19)
  2.4 成矿动力学数值模拟的基础理论 (21)
    2.4.1 数值模拟和 FLAC3D 简介 (21)
    2.4.2 FLAC3D 求解动力学过程的本构方程和状态方程 (22)

3 大王顶矿床的区域地质背景及矿床地质特征 (25)

3.1 区域地质背景 (25)
3.1.1 大地构造位置及地壳演化 (25)
3.1.2 区域地层与沉积建造 (25)
3.1.3 区域岩浆岩与热演化 (29)
3.1.4 区域构造 (30)

3.2 矿床地质特征 (32)
3.2.1 矿床构造要素及其相互关系 (33)
3.2.2 矿体的几何形态及产状特征 (36)

4 大王顶矿床空间结构的计算模拟 (41)

4.1 大王顶岩体的三维形态模拟 (41)
4.1.1 原始勘查数据的处理 (41)
4.1.2 基于多源数据的形态模拟方法 (44)
4.1.3 大王顶岩体三维形态的空间变化规律 (48)
4.1.4 控制岩体形态变化的地质因素 (52)

4.2 大王顶矿床 Au 元素分布的分形分析 (56)
4.2.1 Au 元素的 C-V 模型及矿化分区 (56)
4.2.2 Au 元素分布的多重分形 (61)

5 大王顶矿床的成矿动力学模拟 (67)

5.1 成矿动力学模拟的前处理 (67)
5.2 模拟结果与分析 (69)
5.3 成矿过程的 R/S 分析 (74)

6 车户沟矿床的计算模拟 (79)

6.1 区域地质背景及矿床地质特征 (79)
6.1.1 区域地质背景 (79)

6.1.2　矿床地质特征　　　　　　　　　　　　　　(80)
6.2　岩性单元的三维形态模拟　　　　　　　　　　　　(85)
　　6.2.1　基于钻孔数据的平行剖面法　　　　　　　　(85)
　　6.2.2　斑岩体和角砾岩的空间形态特征　　　　　　(86)
6.3　成矿元素空间分布的分形特征　　　　　　　　　　(88)
　　6.3.1　成矿元素的 C－V 模型及矿化分区　　　　　(88)
　　6.3.2　成矿元素空间分布的多重分形特征　　　　　(93)
6.4　成矿动力学模拟　　　　　　　　　　　　　　　　(96)
　　6.4.1　模型参数和模拟条件　　　　　　　　　　　(96)
　　6.4.2　模拟结果及其对成矿的指示意义　　　　　　(97)
　　6.4.3　成矿过程的 R/S 分析　　　　　　　　　　(101)

7　讨论与结论　　　　　　　　　　　　　　　　　　(104)

附录　　　　　　　　　　　　　　　　　　　　　　(106)
　　附录一　多重分形分析　　　　　　　　　　　　　(106)
　　附录二　R/S 分析　　　　　　　　　　　　　　 (119)

参考文献　　　　　　　　　　　　　　　　　　　　(121)

1 绪论

1.1 研究意义

斑岩型矿床已经成为金属铜、钼最主要的来源和金的重要来源，对斑岩型矿床的研究一直备受关注。以岩浆弧斑岩铜矿成矿模型为核心的经典成矿理论以及近年来对大陆环境斑岩矿床的研究促进了我们对斑岩型矿床的认识（Lowell and Guilbert, 1970; Sillitoe, 1972; Tosdal and Richards, 2001; Richards, 2003; Cooke et al., 2005; Seedorff et al., 2005; 陈衍景, 2006; 侯增谦和杨志明, 2009）。然而国内还发现一些与斑岩有关的矿床，其矿化特征和形成机制都不同于典型的斑岩型矿床。这类矿床无法用已有的斑岩成矿模型来解释，也无法沿用斑岩型矿床那套成熟的研究思路和方法，对这类矿床复杂性的认识不足制约了矿床的勘查工作。

矿床研究，特别是热液矿床的研究一直是地质研究中的一个热点，矿床的复杂性是阻碍矿床研究的一个主要难题。从本质上来说，矿床的复杂性是由成矿系统的多过程非线性耦合动力学机制造成的，对这种复杂性的了解有赖于采用有效的方法对矿床的复杂特征进行准确的描述，并对其内在的耦合动力学系统进行深入剖析。

计算模拟是研究复杂地质系统的有效手段之一，这是因为：①地质现象和地质过程往往受到大量的随机作用、时间变异和/或空间偏移的影响，要透过这些表象的遮蔽探究它们的实质，计算模拟是一种行之有效的方法（Thiergaärtner, 2006）；②地质系统往往牵涉到巨大的时间和空间尺度，极端的温度、压力等物理条件以及海量的物质种类和成分，无法简单地通过理论推演或实验来进行再现和研究，计算模拟已成为继理论研究和实验研究之后的第三种研究手段；③成矿系统非线性的空间结构和时序行为特征可以借助计算模拟予以揭示和描述。

目前，成矿系统的动力学数值模拟已经成为矿床研究的热点（邓军等，1999; Zhao et al., 2009; Ingebritsen and Appold, 2012; Liu et al., 2012），这些研究促进了对各类矿床形成机制的理解；与此同时，分形计算和分析作为研究非线性系统的重要工具也在矿床研究领域得到了广泛的应用（Mandelbrot, 1989; 於崇文, 2003; 成秋明, 2006, 2007; Zuo et al., 2009a; Arias et al., 2011）；但这两方面的研究却很少交集（Sun and Liu, 2014）。

广西昭平大王顶金矿位于大瑶山成矿带的中部，内蒙赤峰车户沟钼铜矿位于西拉沐伦成矿带的南缘，这两个矿床的形成都与花岗斑岩密切相关，但其矿化特征又明显不同于典型的斑岩型矿床，目前已经开展的大量勘查和研究工作未能透彻地解析矿床的复杂性。本书应用包括形态模拟、属性模拟、分形计算分析、动力学数值模拟在内的多种计算模拟方法对这两个矿床各方面的复杂性进行研究。这种研究不仅有助于认识这两个矿床的成矿机制和控矿因素，从而促进找矿勘查和开发；而且通过对比研究形成于不同构造环境中的这两个矿床的成矿动力学机制，可以增进对这类与斑岩有关矿床的形成机制的理解；同时，本书结合动力学数值模拟和分形理论方法用于研究成矿系统非线性时空演化过程的尝试也可以为计算模拟的研究提供一种新的思路。

1.2 研究进展综述

1.2.1 斑岩型矿床复杂性的研究进展

斑岩型矿床的复杂性常表现在以下几个方面：①多样的成矿构造环境；②复杂的矿化特征；③多过程耦合的成岩成矿机制。

斑岩型矿床可产于不同的构造环境下。Sillitoe（1972）提出了斑岩铜矿形成于板块俯冲背景的板块构造模型，将斑岩型矿床的成矿构造环境定位于岩浆弧环境（包括岛弧和陆缘弧）；斑岩型矿床常产于汇聚板块边缘这一现象让地质学者意识到挤压构造环境对形成斑岩型矿床的重要性（Sillitoe，1998；Gow and Walshe，2005；Masterman，2005）。然而近年来的研究表明，斑岩型矿床也可以产于大陆碰撞造山带，如玉龙和冈底斯成矿带（芮宗瑶等，2003；侯增谦等，2007；陈建平等，2009；侯增谦和杨志明，2009），甚至陆内环境，如江西德兴（朱训等，1983；华仁民等，2000）；Richards 等（2001）认为有利于形成斑岩型矿床的构造环境并不是单纯的俯冲和挤压，还应包括：①上地壳处于长期挤压状态后的应力松弛期；②成矿域内存在早期深大断裂，且这些断裂在应力松弛期活化张开。侯增谦等（2007）也指出，除了挤压构造背景外，走滑断层和伸展构造也对斑岩型矿床的形成起了重要的控制作用，并总结了斑岩型矿床产出的 4 类大陆环境：晚碰撞走滑环境、后碰撞伸展环境、后造山伸展环境和非造山崩塌环境。

斑岩型矿床具有特征性的蚀变分带，最经典的蚀变分带模式为适用于钙碱性中酸性斑岩系列的 Lowell – Guilbert 模式（Lowell and Guilbert，1970），和适用于中性岩系列的 Hollister 模式（Hollister，1974）。多数地质学者认为斑岩型矿床的矿化和蚀变分带在空间和时间上具有一致性，矿化基本富集于特定的蚀变带中（Gustafson and Hunt，1975；芮宗瑶，1984；孟良义，1992；孟祥金等，2004；杨志明等，2008；Sillitoe，2010）。但是，斑岩型矿床的矿化特征除了与斑岩自身的特征有关外，还在一定程度上受控于斑岩侵位的围岩岩相环境，再加之斑岩型矿化常被后期的浅成低温热液矿化叠加，因此会造成比典型蚀变－矿化分带复杂得多的矿化分布模式(侯增谦,2004)。

在基本了解了斑岩型矿床的典型特征,并逐步建立和完善了一般性的成矿-勘查模式后,斑岩型矿床的研究重心开始转向对成岩成矿机制的理解上,如岩浆的性质与起源、成矿流体的来源和演化、金属的来源与迁移、矿物沉淀机制等方面(Ulrich et al., 1999, 2001; 张德会等,2001; Harris et al., 2003; Richards, 2003; 侯增谦,2004; 芮宗瑶等,2004; Candela et al, 2005; Heinrich, 2005; 侯增谦等,2005; 姜耀辉等,2006; 陈衍景和李诺,2009)。随着研究程度的加深,越来越多的学者认识到斑岩型矿床的各种地质过程之间存在耦合动力学机制,需要将斑岩成矿系统看作一个完整的动力学系统来进行研究(高合明,1994; 於崇文,1995, 2003; Ingebritsen et al., 2010)。Norton 等西方学者首先采用数值模拟的方法研究了斑岩成矿系统中热传递、流体运移和质量传输等过程,并依此探讨了斑岩铜矿的成因(Cathles, 1977; Norton and Knight, 1977; Knapp and Norton, 1981; Norton, 1982; Johnson and Norton, 1985); 我国的学者也以国内的斑岩矿床为研究对象进行了相关的模拟研究,讨论了成矿过程中力场、温度场、流体场的演化特征(高合明等,1994; 郭国章等,1994; 任启江等,1994)。近年来,计算机性能的提升和计算科学的发展促进了对斑岩成矿多场多过程耦合机制的理解(Gow et al., 2002; Guillou-Frottier and Burov, 2003; Li et al., 2005; Eldursi et al., 2009; Fu et al., 2010; Sun and Liu, 2014),其中最突出的成果是 Weis 等(2012)和 Ingebritsen(2012)在 Science 发表的两篇文章,通过数值模拟的结果揭示了岩浆引起的流体压力和温度及岩石渗透率变化的自稳定过程及其对斑岩成矿的制约。

1.2.2 地学计算模拟的研究进展

地学领域的计算模拟在短短几十年的发展历史中有两个关键性的进程:①加拿大地质学家 Houlding(1994)提出了三维地质模拟(3D Geosciences Modeling)的概念,从此地质模拟才能在真正意义上实现在虚拟平台上重建真实三维空间体系中的地质要素;②进入21世纪以来,数值模拟的方法开始广泛地应用于对地质系统时间演化的研究,成为解释具有巨大时间跨度和不可再现性的地质过程的有力工具。

地学领域特别是涉及矿床研究方面的计算模拟的研究现状和进展可概括为如下4个方面。

(1)空间数据模型是地质模拟的基础。地质模拟从早期简单的概念模拟发展到目前复杂的类型指向型和过程指向型模拟,对空间数据模型表达能力的要求也相应提高。目前已有几十种数据模型可用于地质模拟,吴立新等(2003)将之归为面元模型、体元模型和混合模型三大类(表1-1),这些模型基本能满足各类计算模拟的需求,而一些具有更强表达能力、对具体问题适用性更强的数据模型还会继续涌现和发展(吴立新和史文中,2005; 武强等,2005; 关文革,2006; 朱良峰等，2008）。

表 1-1 空间数据模型的分类（据吴立新等，2003）

模型类别		模型名称
面元模型		不规则三角网(TIN)、格网(Grid)、断面(Section)、边界表示模型(B-Rep)、线框(Wire Frame)或相连切片、多层DEMs、断面-三角网混合(Section-TIN mixed)
体元模型	规则体元	规则块体(Regular Block)、八叉树(Octree)、针体(Needle)、体素(Voxel)、结构几何实体(CSG)
	不规则体元	实体(Solid)、非规则块体(Irregular Block)、三棱柱和广义三棱柱(TP & GTP)、金字塔模型(Pyramid model)、地质胞体模型(Geocellular model)、四面体格网(TEN)、3D Voronoi图
混合模型		线框-块体混合模型(WireFrame-Block model)、八叉树-四面体混合模型(Octree-TEN model)、不规则三角网-结构实体混合模型(TIN-CSG model)、不规则三角网-八叉树混合模型(TIN-Octree model)

（2）三维形态模拟可以直观地展示复杂地质体的形态和相互的空间关系，从而帮助地质学者解决各种跟空间尺度有关的具体地质问题（Houlding，1994；Kaufmann and Martin，2008；Feltrin et al.，2009；Zanchi et al.，2009；Ming et al.，2010；赵义来等，2010；毛先成等，2011；Liu et al.，2012）。为了尽可能高效、准确地构建地质体的形态模型，前人的研究集中于两个核心环节：①多源数据的集成建模（李清泉等，2003；Martelet et al.，2004；Calcagno et al.，2008；Kaufmann and Martin，2008；武强和徐华，2011；Wang et al.，2012a）；②完善形态模型（面元模型、体元模型）的优化和渲染方法，其核心内容是各类空间插值算法（Mallet，1992，1997；Sirakov et al.，2002；Xue et al.，2004）。这些研究的不断发展和成熟催生了一系列商业化的地质建模软件，如 3D Geomodeller（http：//www.geomodeller.com/），GoCAD（http：//www.gocad.org/）和 Earth Vision（http：//www.dgi.com/）。在这些软件的帮助下，地质工作者得以跳过繁复的计算机图形学的原理和算法，直接根据实际问题建立地质模型。然而，尽管这些商业软件不断加强自身的数据处理和图形优化能力，要构建一个复杂地质系统的三维模型仍然是一个巨大的挑战，造成这一困难的原因包括：地质问题具有多解性，地质数据往往是离散的，多源数据集成建模的困难性等。

（3）分形理论被引入到矿床研究中，成为研究成矿系统复杂性、非线性的有力工具（Mandelbrot，1989；成秋明，2006）。目前矿床分形研究中最活跃、成果最显著的方面有：①分形方法用于刻画与成矿有关的地质现象或地质要素的空间分布结构，包括矿床数目、空间区域分布和平均品位间的分形特征（Carlson，1991；

Blenkinsop, 1994; 李长江等, 1996; 施俊法和王春宁, 1998; 谭凯旋等, 2000; Arias et al., 2011), 构造断裂的分形特征及其与成矿的关系(李先福等, 1998; 谭凯旋等, 2004; Zhao et al., 2011), 矿床储量的分形特征和储量计算的分形模型(肖克炎等, 2004; Zuo et al., 2009b; Wang et al., 2010; Deng et al., 2011)等。②大量矿床研究成果表明: 热液成矿系统中地质过程间的非线性耦合机制会导致矿化元素的浓度分布呈现分形或多重分形的特征(Mandelbrot, 1982, 1989; 沈步明和沈远超, 1993; Blenkinsop, 1994; Sanderson et al., 1994; Agterberg, 1995; Cheng and Agterberg, 1996, 2009; 金章东, 1998; 谢淼石等, 2004; Monecke et al., 2005; Cheng, 2007)。基于这些, Cheng 等(1994)首先提出可以通过浓度－面积(concentration-area, C－A)分形模型来确定地球化学异常下限, 从而圈定不同的矿化异常区域。分形开始广泛地应用于矿床地球化学勘探中, 多种分形模型被提出并应用于识别复杂的矿化分布, 如分形谱－面积(spectrum-area, S－A)模型(Cheng et al, 2000)、浓度－距离(concentration-distance, C－D)模型(Li et al., 2003)、浓度－体积(concentration-volume, C－V)模型(Afzal et al., 2011)等。③分形中的各种参量被用于描述成矿系统的非线性行为特征和动力学机制, 这些参量包括广义维(Deng et al., 2008)、奇异性指数与多重分形谱(Cheng, 1999; Panahi and Cheng, 2004; 成秋明, 2006, 2007; Arias et al, 2012)、Hurst 指数(王庆飞等, 2007; Zuo et al., 2009; Wang et al., 2012b)等, 这方面的成果促进了成矿系统的研究从定性讨论向定量化预测分析迈进。

(4)数值模拟被广泛用于研究导致矿床形成的动力学过程, 从而促进了对复杂成矿系统的理解(Norton and Taylor, 1979; 鲍征宇, 1994; 徐文艺等, 1997; 张德会等, 1998; 林舸等, 2003; Liu et al., 2005; 孟宪刚等, 2006; Zhao et al., 2009; Ingebritsen et al., 2010; 池国祥和薛春纪, 2011)。一个完整的成矿系统必然包括以下 5 个过程的耦合: 力学变形、流体流动、热量传递、物质传递和化学反应(Zhao et al., 2009, 2012; Hobbs et al., 2000), 耦合成矿过程的数值模拟需要用数值的方法求解描述这些过程的偏微分本构方程和状态方程, 即使是目前最复杂、精细的数值实验也无法完成对 5 个过程的全耦合模拟, 因此, 耦合成矿动力学的研究都是考虑其中有限个过程的模拟, 并对复杂的地质状况进行不同程度的简化(Ingebritsen et al., 2010)。近年来, 成矿动力学模拟已经渗入到矿床研究的各个方面, 并在以下几个方面的研究中取得了突出的成果: ①在理论上完善了成矿 5 个过程耦合动力学的模型和数值算法(Hobbs et al., 2000; 邓军等, 2000; Zhao et al., 2008, 2009, 2010, 2012; Zhao, 2009), 提出了成矿率的概念并应用于热液矿床的数值模拟中(Zhao, 2002, 2008, 2009); ②在模拟成矿系统的诸多影响因素时, 构造和流体被重点讨论和研究, 被认为是耦合成矿过程的最重要的控制因素, 认为构造变形特别是断裂作用提供了有利于流体运移的通道和矿石沉淀的场所，流体则是汲取和搬运成矿物质并促成其从分散到富集的主要媒介，这种控制机制在各类矿床的形成过程中发挥了决定性的作用(Fournier, 1999；邓军等，1999；岑况和於崇文，2001；谭凯旋等，2001；Mclellan et al., 2003, 2004；Zhang et al., 2009, 2010；席先武等，2003；Lin et al., 2006；Zhao et al., 2010)；③在与浅成侵入岩相关的矿床研究中，探究了岩体在同构造冷却过程中由耦合动力学行为引起的岩石力学和流体的成矿响应机制，指出这种机制对矿体的定位有着关键性的影响，这种耦合动力学模拟有助于进行隐伏矿体的预测(Liu et al., 2010, 2011, 2014；刘亮明等，2008, 2010；赵义来，2012)；④在与火山岩相关矿床(特别是 VMS 型矿床)的研究中，早期主要通过理论模型或简单概念模型探讨了发生在海底的热对流的成因及其对形成热液矿床的重要性(Lowell and Burnell, 1991；Travis et al., 1991；Rabinowicz et al., 1998)，近年来这方面的模拟研究则更集中于将早期获得的认识附加在更加复杂的具体矿床的模型之上，研究火山岩成矿系统的构造－热－流体等各方面的动力学机制(Yang, 2002；Schardt et al, 2005；Ioannou and Spooner, 2007)；⑤在与盆地相关矿床(特别是 SEDEX 和 MVT 型矿床)的研究中，建立了重力驱动－沉积压缩驱动－浮力驱动－对流驱动等多种流体运移模型，讨论了流体的空间运移规律及其与其他过程的耦合对矿床形成的关键作用(杨瑞琰等，2004；Magri et al., 2005；Yang, 2006, Yang et al., 2006；薛春纪等，2007；Chi et al., 2013)。

1.3 研究思路、研究方法与技术路线

经过几十年的发展，地学计算模拟已经成为一套具有精细分支的方法体系：空间结构模拟的主要内容是形态模拟和属性模拟，前者基于计算机图形学和 GIS 系统，在虚拟空间重构地质体的几何形态和空间拓扑结构，后者则以空间插值算法为核心，在离散地质数据的基础上模拟地质变量的空间场分布；数值模拟则将计算模拟从空间维度拓宽到了时间维度，通过对耦合地质过程的模拟来研究地质系统的动力学机制；分形计算模拟则作为一种非线性的统计模拟方法广泛地应用于对地质系统空间结构和时间过程的刻画和分析中，一方面，它通过构建多种单一分形和多重分形模型揭示了包括空间异常信息、尺度变化信息、各向异性信息在内的空间结构统计规律，另一方面，它提供了描述和理解地质作用非线性时序过程的工具。

以上计算模拟的方法一起构成了本书研究斑岩成矿系统的思路框架：通过构建形态模型、属性模型、分形模型来刻画和逼近成矿要素的空间结构和分布规律，然后通过动力学数值模拟和时序分析来解释这种空间结构和分布规律产生的原因。

具体的研究方法和技术路线简述如下：

(1)通过地表和坑道地质调查加深对矿区地质背景和矿床地质特征的认识，特别关注接触带边界特征、矿体产出形态、构造-热演化证据，这些会成为地质模拟中空间结构推断和数值模拟中条件设置的重要依据。

(2)收集矿区勘查资料，针对多源数据进行处理，在三维勘探软件 Micromine 中建立地质数据库，对数据进行实时管理、调用、输出。

(3)根据原始数据特征，采用不同的建模方法建立相关斑岩体的三维形态模型，分析岩体的空间形态特征，探讨控制岩体形态变化的地质因素。

(4)在属性模拟的基础上，应用 C-V 分形模型识别成矿元素的矿化分区，并结合形态模型讨论成矿元素浓度的空间分布和富集规律。

(5)编制 VB 程序计算不同勘探线的多重分形谱，用分形谱参数定量刻画成矿元素的聚集分布特征。

(6)在形态模型的基础上构建有限差分网格，进行成矿动力学数值模拟，基于模拟结果讨论动力学驱动机制和力-热-流耦合过程对成矿的控制作用。

(7)对动力学数值模拟的结果进行 R/S 分析，探究成矿过程中非线性时序行为特征及其产生原因。

(8)结合分别产出于引张和挤压应力场的两个矿床的计算模拟结果，探讨不同构造环境对成矿动力学过程和非线性时序行为的制约。

1.4　主要研究成果与创新点

(1)计算模拟作为研究成矿系统的有力工具，本身也随着这种研究的拓宽和加深而不断发展。本文在计算模拟的方法上做了如下创新性的尝试并取得了满意的效果：①提出了一种"基于多级约束的多源数据融合法"，可以有效地集成多源数据以构建复杂的地质形态模型；②应用分形方法定量分析空间结构模拟和动力学过程模拟，从而能将成矿系统时-空两方面的模拟结果结合起来分析；③将 R/S 分析应用于研究动力学模拟的时序过程，挖掘数值模拟过程蕴含的时间演化信息，揭示其中的非线性机制。

(2)三维形态模型揭示了大王顶岩体呈现不规则的棱柱状，结合岩体的边界特征，推断大王顶斑岩体是在引张的构造环境下，沿着两组断裂的交叉部位被动侵位的，岩体侵位过程中，又追踪了岩层间的滑脱空间，从而造就了岩体复杂的空间形态。

(3)通过分形 C-V 模型和成矿元素浓度场模型揭示了金元素主要富集分布在大王顶岩体上接触带的北侧。成矿动力学数值模拟的结果表明了耦合动力学机制引起的强扩容变形直接制约了金元素在空间上的富集分布，岩体上接触带北侧发生了最强烈的扩容变形。这种制约关系的动力学原因在于扩容和随之而来的流体减压有利于成矿流体汇聚和矿石沉淀。

(4) 空间结构模拟的结果揭示了车户沟矿床的钼铜矿化与斑岩和角砾岩密切相关，矿化角砾岩主要聚集分布在花岗斑岩体的西南，富钼铜矿化聚集分布在斑岩与角砾岩台阶状接触带产状平缓的部位。动力学模拟结果表明强扩容变形是控制本矿床的角砾岩化及相关的钼铜矿化的关键因素，这种强扩容变形的本质是流体超压引起的水压致裂。

(5) 通过综合两个矿床计算模拟的结果，揭示了不同构造环境对斑岩体成矿的制约作用：①引张和挤压应力场会引发不同的成矿动力学过程。在引张应力作用下，沿着接触带会很快地发生张性破裂，引起强扩容和流体减压；在挤压应力的作用下，岩石首先发生缩容，引起孔隙度减小从而不断提升流体压力，这种流体超压累积到一定程度就会引发水压致裂，造成强烈扩容和流体迅速减压。②在不同的成矿驱动力作用下成矿系统表现出不同的非线性时序行为特征。这种特征主要通过 R/S 分析来研究和反映，Hurst 指数可以厘定时序过程的性质，时序过程具有长程相关性和持久性，并可以估算出这种持久性的循环长度。成矿过程 R/S 分析的结果表明，当成矿驱动力主要是引张应力时，对成矿有利的时序状态会很快出现并逐渐演化为迟滞成矿的状态，其后再进入下一个有利成矿的时序进程，这种非稳定性的持续循环过程可以在一个成矿阶段内多次上演，并在正相关的持久性的影响下递进叠加成矿；当成矿驱动力主要为挤压诱发的流体超压时，迟滞时序状态最早出现并一直持续，直至驱动力累积到一个临界点后爆炸性地释放，随后进入有利时序状态并快速向成矿递进演化，这个过程在一个成矿阶段内不会循环出现，因为这种时序演化的长度小于一个自然序列的循环演化长度。

2 计算模拟的基本原理和方法

2.1 Delaunay 三角网及剖分算法

　　形态模拟最基础的内容之一就是模型的构建方法。本书在 1.3.2 节中介绍了地质模拟中数据模型的分类。在三大类模型中，混合模型目前还在探索阶段，实际应用并不多；而体元模型的构建通常需要以丰富的采样数据为依托（如医学 CT 影像数据、石油勘探中密集的地震剖面），要将之应用在以离散数据为主要数据源的地质模拟中，则需要加入大量的人机交互，进行各种地质解译和插值，因此并不适用于以反映地质体形态特征为主要目的的形态模拟；面元模型因其具有对数据源的普适性，算法易于实现，数据结构便于修改和更新等优点在形态模拟中得到了最广泛的应用（史文中等，2007）。

　　面元模型有很多种，常用的有数字高程模型（Digital Elevation Model，DEM）、规则格网（Grid）、不规则三角网（Triangulated Irregular Network，TIN）、边界表示模型（Boundary Representation，B‑rep）等，其中不规则三角网可以根据表面的复杂程度变化、三角形面片的大小和数量，在表示复杂曲面方面具有很高的灵活度和表达精度，而且模型具有易于采集和构建，便于显示和更新的优点，适合复杂地质体的几何形态建模（武强和徐华，2011），因此本书采用不规则三角网作为形态模拟的主要数据模型。

　　三角剖分是面剖分的一种，它用有限条互不相交的直线段连接面域内 n 个离散点，并且保证每一个子区域都是三角形。有多种方法可以实现面域内离散点集的三角剖分，而且有多种原则用以评价和提高剖分网格的质量，比如总边长最小原则、最大‑最小距离原则、最大‑最小高度原则等（武强和徐华，2011）。其中，Delaunay 三角网是由俄罗斯数学家 Delaunay（1934）提出的一种剖分方案，它可以使剖分出的 TIN 的最小内角和趋于最大，这就能最大限度地避免"瘦长"三角形，从而自动向等边三角形靠近。

　　Delaunay 三角网最重要的性质是空圆特性，即三角网中任意一个三角形的外接圆范围内必然不包含其他三角形的顶点（图 2‑1）。这个特性成为构建 Delaunay 三角网的首要准则和自动剖分算法的基础。目前应用最广的 Delaunay 剖分算法是基于点插入的方法，空圆特性和插入点的位置共同决定了不同 Delaunay 三角网构建方案，图 2‑2 显示的是只考虑单个三角形插入一点 P 时可能存在的剖分方式，当离散点和三角网增多时这种剖分会变得非常复杂。

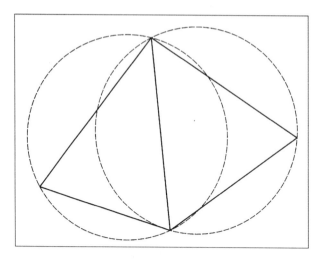

图 2-1　Delaunay-TIN 的空圆特性
［据武强和徐华（2011）修改］

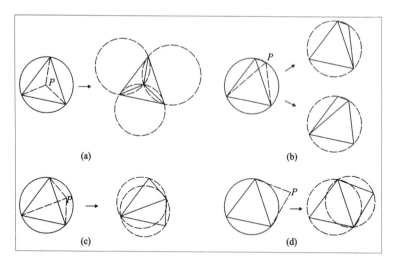

图 2-2　根据插入点 P 的位置生成不同的 Delaunay-TIN
［据武强和徐华（2011）修改］

Lawson 算法和 Bowyer-Watson 算法是实现离散点集逐点插入的两种经典算法（Lawson，1977；史文中等，2007）。

Lawson 算法的基本思想是：首先构建一个多边形包含外围所有散点；插入一个新点 P，将 P 与连接包含该点的三角形的三个顶点相连［图 2-3(a)］；对新构建的三角形进行空圆检测，对不符合要求的三角形进行 LOP 处理，LOP（Local

Optimization Procedure,局部优化过程)是 Lawson 提出的一种优化方法,用不断交换凸多边形的对角线的方式达到"最小内角和最大"的效果,从而生成性能更好的三角网[图 2-3(b)];重复以上步骤,直到离散点集内所有点都被插入。

Bowyer - Watson 算法的基本思想是:首先生成一个只包含少数点的初始 Delaunay 三角网格;插入一个新点 P[图 2-4(a)],找到外接圆中包含 P 的三角形[图 2-4(b)],这些三角形被称为 P 点的影响三角形;删除影响三角形的公共边[图 2-4(c)],将 P 与影响三角形的各顶点连成新的三角网格[图 2-4(d)];重复以上步骤,依次插入所有散点。

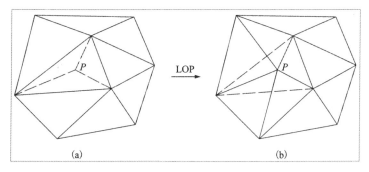

图 2-3　Lawson 算法的实现过程

[据史文中等(2007)修改]

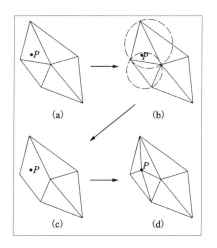

图 2-4　Bowyer - Watson 算法的实现过程

[据史文中等(2007)修改]

2.2 克立格(Kriging)插值

空间插值算法是多种仿真、模拟的通用算法，而不仅仅局限于地质领域的模拟。但地质问题本身具有的一些特点，如地质体形态的高度复杂性，地质变量的相关性和随机性并存等，决定了许多通用的插值算法并不适用于地质领域。因此，针对地质模拟的独特性和难点，开发出了多种面向地质问题的空间插值算法，经过几十年的完善和创新，这些成熟的插值算法已经广泛地应用于各种地质研究和生产实践中。本书的属性建模采用了克立格法进行空间插值，克立格法是一种最优、线性、无偏的估值方法，充分考虑了样品的形状、大小及其与待估值点间的空间位置关系，并将特征变量的空间分布结构作为插值的依据（孙洪泉，1990；侯景儒等，1998；Clark，1979）。

2.2.1 克立格法的理论基础

克立格法是基于地质统计学的一种插值算法，地质统计学是由法国数学家 Matheron 发展完善并广泛应用于地质领域的一门科学，它以区域化变量理论为基础，通过变异函数研究那些空间分布既有随机性又有结构性的自然现象（Matheron，1963，1971）。在矿床研究领域，地质统计学主要用于刻画矿化空间的结构和计算矿产资源储量（Journel and Huijbregts，1978；侯景儒和郭光裕，1993）。

地质统计学中最基本的概念就是区域化变量理论。区域化变量是一种在空间上具有数据的实函数，它在空间中的每一点都具有一个确定的值。区域化变量具有两个最重要的、看似矛盾的性质：结构性和随机性。结构性是指区域化变量（如金属品位）在相距为 h 的两点的值 $T(x)$ 和 $T(x+h)$ 具有某种程度的自相关，这种自相关的程度依赖于距离 h 的大小和决定该区域化变量的地质过程（如矿化过程）；随机性则表示区域化变量在空间中具有不规则、随机性分布的特征。实际上，结构性和随机性并存是很多自然变量的共同特征。区域化变量一般用来反映某种地质现象的特征，比如以金属含量来表示矿化特征，则矿化现象就可以看成是金属元素含量这个区域化变量在三维空间的变化。在传统上许多统计方法并不考虑样品的空间分布，所有的结果都是出于单一总体在研究区服从一定的已知概率分布的。而地质统计学则充分考虑了样品间的空间相依性，故而能更为精准地刻画地质数据的分布特征（侯景儒和黄竞先，1990；Clark，1979）。

凡是涉及样品空间位置的插值算法，样品间的距离都是需要考虑的首要问题。显然，离待估点近的已知点对其估计值的影响要比远离它的已知点大，因此，涉及空间位置的插值算法都将重心放在如何确定这个"影响权重"的大小上。应用广泛的距离反比法、距离平方反比法都是充分体现这一思想的算法。但这些算法都是基于这样一种假设，即未知点与各已知点的关系仅与彼此的距离有关，而与这些点本身的值的大小(比如品位的高低)无关。显然,这样的考虑是不全面的,无法准确地反映样本数据空间的真实结构。

地质统计学用变异函数(或称半变异函数)来量化地描述区域化变量的空间结构。设区域化变量 T 在距离为 h 的两个点的值分别为 $T(x_i)$ 和 $T(x_i + h)$,变异函数 $\gamma(h)$ 的定义为(Metheron,1971):

$$\gamma(h) = \frac{1}{2N(h)} \sum_{i=1}^{N(h)} [T(x_i) - T(x_i + h)]^2 \qquad (2-1)$$

式中,$N(h)$ 表示距离为 h 的样品对个数。从定义可知,变异函数考虑了样品间的距离和样品值的差异,为了深入研究这两者之间的关系,分别以 h 和 $\gamma(h)$ 为坐标轴,将以不同的 h 值计算得到的结果投影到坐标系中,得到了变异函数图。变异函数图反映出这样一种样品值差异随样品间距变化的趋势:当 $h = 0$,即两个样品在空间上重合时,由于统计学中一个空间位置只能有一个测量值,所以 $\gamma(h)$ 必然为零;随着 h 的增大,样品间的差异也随之增大;而当 h 增大到一定程度,样品值间将失去相关性,变得彼此独立,$\gamma(h)$ 变为常量。图 2-5 为一种典型的变异函数图,在地质统计学中这种变异函数模型被称为球状模型或 Matheron 模型。该模型的数学表达为:

$$\gamma(h) = \begin{cases} 0, & h = 0 \\ C_0 + C\left[1.5\frac{h}{a} - 0.5\left(\frac{h}{a}\right)^3\right], & 0 < h < a \\ C_0 + C, & h > a \end{cases} \qquad (2-2)$$

式中,各参量及对应图中的意义为:块金值 C_0 反映了当 h 极小时两点测量值的变化情况,一般通过将曲线从第一个投影点(h 最小)延至 Y 轴获得,因此尽管理论上 $\gamma(h)$ 在 $h = 0$ 处应为零,但在图中却是个正值,C_0 表征了区域化变量的随机性;变程 a 表示区域化变量在空间上具有相关性的范围,即超出这个范围,测量值将变得彼此独立;拱高 C 表示数据在具有相关性的有效尺度上,测量值变异性幅度的大小,$C_0 + C$ 为基台值,用来表征区域化变量的总体空间变异性(侯景儒等,1998)。

其他的变异函数模型有线性模型、指数模型、高斯模型等,但实际应用最广泛的还是球状模型。

2.2.2 克立格法的数学表述

克立格法又分为简单克立格、普通克立格、泛克立格、对数克立格、指示克立格等,它们的估值思想都是类似的,只是前提假设和适用范围不同。本书以普通克立格为例对克立格法的数学表达作一简述(Journel and Huijbregts,1978;孙洪泉,1990;侯景儒等,1998):

样品空间内 n 个采样点 $x_1, x_2, \cdots, x_n$ 的测量值分别为 $T(x_1), T(x_2), \cdots,$

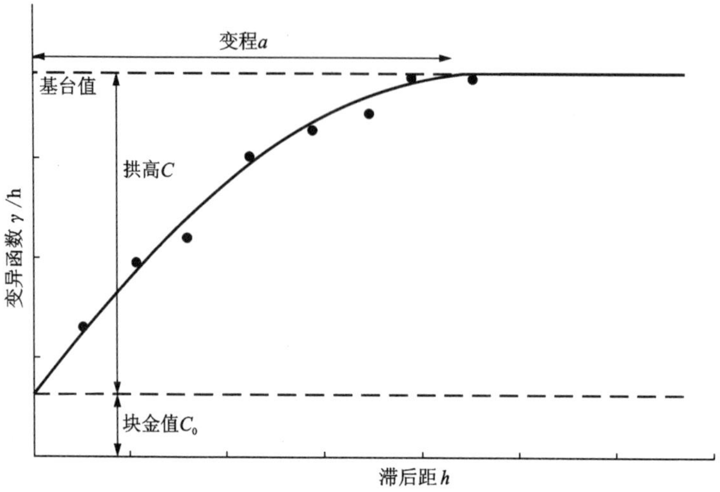

图 2-5 球状模型的变异函数图

[据 Clark(1979)修改]

$T(x_n)$，则未知点 x_v 的估计值 $T(x_v)$ 可用相关范围内 n 个有效样品值的线性组合来计算：

$$T(x_v) = \sum_{i=1}^{n} \lambda_i T(x_i) \qquad (2-3)$$

式中，λ_i 是与 $T(x_i)$ 有关的加权系数。按照克立格法的要求，需要计算出 n 个加权系数 λ_i，以保证估值是无偏的，且估计方差最小，满足这个条件的 $T(x_v)$ 即被认为是最优估值。

要使估值是无偏的，即待估点的真实值 $T(x_v)$ 与估计值间的偏差为零，在区域化变量 $T(x)$ 的期望存在的前提下（$E[T(x)] = m$），只要满足 $\sum_{i=1}^{n} \lambda_i = 1$，则有：

$$E[T(x_v)] = m \sum_i \lambda_i = m = E[T'(x_v)] \qquad (2-4)$$

从而使 $E[T'(x_v) - T(x_v)]$ 为零。

估计方差 σ^2 可用下式计算：

$$\sigma^2 = \bar{C}(V, V) - 2\sum_{i=1}^{n} \lambda_i \bar{C}(x_i, V) + \sum_{i=1}^{n}\sum_{j=1}^{n} \lambda_i \lambda_j C(x_i, x_j) \qquad (2-5)$$

式中，V 为待估域，$C(x)$ 为协方差函数。要使估计方差在无偏（$\sum_{i=1}^{n} \lambda_i = 1$）的条件下变为最小，最佳加权系数可用标准拉格朗日法求得，即令 n 个偏导数 $\partial(\sigma^2 -$

$2\mu \sum_i \lambda_i)/\partial \lambda_i$ 中的每一个都为零。于是得到了一组包括 $n+1$ 个未知数（n 个加权系数 + 拉格朗日参数 μ）的线性方程组，称之为"克立格方程组"。

$$\begin{cases} \sum_{j=1}^{n} \lambda_j C(x_i, x_j) - \mu = \overline{C}(x_i, V) & (i = 1, 2, \cdots, n) \\ \sum_{i=1}^{n} \lambda_i = 1 \end{cases} \quad (2-6)$$

式（2-6）也可以用变异函数 $\gamma(h)$ 来表示：

$$\begin{cases} \sum_{j=1}^{n} \lambda_j \overline{\gamma}(x_i, x_j) - \mu = \overline{\gamma}(x_i, V) & (i = 1, 2, \cdots, n) \\ \sum_{i=1}^{n} \lambda_i = 1 \end{cases} \quad (2-7)$$

两种克立格方程组都可以用矩阵形式来表示，如式（2-7）可以表示为：

$$[K] \cdot [\lambda] = [M] \quad (2-8)$$

其中：

$$[\lambda] = \begin{bmatrix} \lambda_1 \\ \lambda_2 \\ \vdots \\ \lambda_n \\ -\mu \end{bmatrix} \quad (2-9)$$

$$[M] = \begin{bmatrix} \overline{\gamma}(x_1, V) \\ \overline{\gamma}(x_2, V) \\ \vdots \\ \overline{\gamma}(x_n, V) \\ 1 \end{bmatrix} \quad (2-10)$$

$$[K] = \begin{bmatrix} \overline{\gamma}(x_1, x_1) & \overline{\gamma}(x_1, x_2) & \cdots & \overline{\gamma}(x_1, x_n) & 1 \\ \overline{\gamma}(x_2, x_1) & \overline{\gamma}(x_2, x_2) & \cdots & \overline{\gamma}(x_2, x_n) & 1 \\ \vdots & \vdots & \vdots & \vdots & \vdots \\ \overline{\gamma}(x_n, x_1) & \overline{\gamma}(x_n, x_2) & \cdots & \overline{\gamma}(x_n, x_n) & 1 \\ 1 & 1 & \cdots & 1 & 0 \end{bmatrix} \quad (2-11)$$

2.3 分形计算与分析

2.3.1 分形的定义

虽然分形几何学诞生不过几十年，但人们对于分形现象的注意由来已久。我们知道，维数是用来确定几何对象中一个点的空间位置所需要的独立坐标的个数，线段是一维的，面是二维的，立方体是三维的，实际上，所有欧氏几何的研究对象的维数都是自然数，这种维数被称为拓扑维。从另一种角度来说，维数也可以通过"用尺度 ε 进行量度"这样的思想来定义，线段只能用比它小的一维线段来量度，平面图形也只能用二维的封闭图形来量度。但人们渐渐发现，有很多图形无法用欧式几何对象来量度，比如著名的 Koch 曲线。Koch 曲线的生成非常简单：将单位长度的直线段 K_0 分为三等分，去掉中间的部分，代之以两条边长都为 1/3、夹角 60°的线段，于是得到四条等长的线段 K_1，再将每条线段做同样的处理得到 K_2，经过无穷次迭代最后得到 Koch 曲线 K（图 2-6）。K 是一条处处连续但又处处不可微商的具有无限长度的不光滑曲线，用线段来量度它的话结果是无穷大，用二维闭合图形来量度它结果为零。显然，用欧式几何对象无法有效地描述这种图形。因此，一些学者提出空间的维数是连续的，不仅可以是像拓扑维那样的整数，也可以是分数（陈颙和陈凌，2005）。

从欧氏几何维度出发进行推广，对于长度为 L 的线段，用尺度为 ε 的"量尺"进行量度得到结果为 N，N 显然和尺度 ε 相关，两者的关系可以用下式表达：

$$N(\varepsilon) = L/\varepsilon \sim \varepsilon^{-1} \qquad (2-12)$$

同样地，对于面积为 S 的封闭对象，用边长为 ε 的正方形进行量度得到的结果为 N，则 N 与尺度 ε 的关系为：

$$N(\varepsilon) = S/\varepsilon^2 \sim \varepsilon^{-2} \qquad (2-13)$$

一般地，在 D 维上测值 N 与尺度 ε 的关系为：

$$N(\varepsilon) \propto \varepsilon^{-D} \qquad (2-14)$$

从而：

$$D = \ln N(\varepsilon)/\ln(1/\varepsilon) \qquad (2-15)$$

式（2-15）求得的 D 就是 Hausdorff 维数（Hausdorff 维数有一套严密的数学表述和推导公式，限于篇幅，这里只介绍它的简单定义，具体内容可参考 Falconer，1990），通常记作 D_H。分形的英文名称 Fractal 来自拉丁文 Fractus，原意是"不规则的、分数的、支离破碎的"。分形几何学的创始人 Mandelbrot（1977）首次使用了这个词。然而迄今为止，学术界对于分形尚无一个确切的定义。Mandelbrot（1982）曾试图给分形做一定义：如果在欧氏空间中存在一个集合，它的 Hausdorff 维数严格大于其拓扑维数，则把这种集合称为分形集，简称分形。后来，他又提出一个更加简易的定义：分形是部分以某种方式与整体相似的图形。第二个定义其实是强调分形的一个重要性质：自相似性。然而之后的研究发现这两个定义并不能概括所有的分形图形，而 Mandelbrot 本人对这两个定义也不满意。分形理论经过几十年的发展和完善，时至今日，还是无法给出一个具有严密数学表述的并能概括所有分形的定义，这也从一个侧面说明了这门被称为"描述大自然的语言"

的分形几何学的包罗万象。

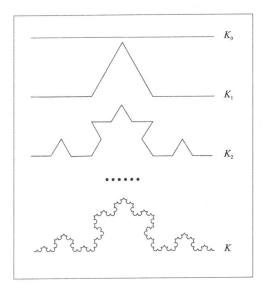

图 2-6 曲线的生成过程
[据陈颙和陈凌(2005)修改]

Falconer(1990)提出：可以效仿生物学界对"生命"这一定义的做法——无法给出明确的定义，就列出一系列生命体的特性来加以说明。为此他提出了6个特性来描述分形：①分形的分形维数大于其拓扑维数；②分形具有某种自相似性；③在很多情况下分形可通过迭代的方法获得；④分形具有极度不规则性，以致无法用欧式几何语言或微积分来描述；⑤分形具有精细的结构，不管在多小的尺度下观察，都会发现有更微小的细节；⑥分形往往具有"自然"的外貌。如果集合具有以上所有或大部分的特性，就可以被称作是分形集（分形）。

从分形的定义和特性中我们可以解读出分形的最大价值在于：看起来非常复杂的现象，实际上可以用仅含极少参数的简单形式来描述；对比于欧式几何对于大自然中规则性的精确描述，分形几何学则是在极端有序和真正混沌之间提供了一种中间可能性（陈颙和陈凌，2005）。

2.3.2 分形维数及其计算方法

分形维数，或称分维数或分维值，是用来描述分形图形（现象）复杂程度的特征量。前面提到的 Hausdorff 维数就是一种典型的分形维数，另外还有其他一些分形维数的定义。值得注意的是，不同定义的分形维数——尽管有些形式上非常接近——可能具有截然不同的性质，因此同一个分形集用不同定义的分形维数去计算可能得到不同的结果。将式(2-12)～式(2-15)用一般性的数学语言描述

（陈顒和陈凌，2005）如下：

以"用尺度 ε 进行量度"的思想来定义维数，当忽略尺度 ε 足够小时的不规则性的话，分形集 F 的测量值 $N_\varepsilon(F)$ 与尺度 ε 存在幂律关系：

$$N_\varepsilon(F) \sim n\varepsilon^{-d} \quad (2-16)$$

其中 d 为分形集 F 的分配维数，n 为分形集 F 的 d 维长度，对式（2-16）两边取对数：

$$\ln N_\varepsilon(F) = \ln c - d\ln\varepsilon \quad (2-17)$$

当 ε 趋于 0 时，

$$d = \lim_{\varepsilon \to 0} \frac{\ln N_\varepsilon(F)}{-\ln\varepsilon} \quad (2-18)$$

式（2-18）为计算分维数提供了一个非常实用而有意义的方案，即在适当的范围内取不同的 ε 值，通过双对数图中拟合直线的斜率来估算 d 的值。在实际的问题中，很少分形图形（现象）能严格满足数学上的分形表述，大部分属于统计意义上的分形。因此，在样本足够多，且服从幂律 $N_\varepsilon(F) \sim n\varepsilon^{-d}$ 的前提下，就可以很便捷地用这种方法估算出研究对象的分维值。

2.3.3 多重分形

在研究复杂的动力学系统的过程中，人们发现有些系统产生的结果无法用单个分形关系来描述，而是产生了多个分形维数，这种在空间上镶嵌的多个分形被称为多重分形（成秋明，2000；陈顒和陈凌，2005）。

将多重分形集用尺度为 ε 的 n 个有序盒子覆盖，则第 i 个盒子的密度分布函数 $P_i(\varepsilon)$ 与 ε 存在关系：

$$P_i(\varepsilon) \propto \varepsilon^\alpha \quad (2-19)$$

式中，α 被称为奇异性指数。如果把具有相同 α 的盒子的数目记作 $N(\alpha)$，存在标度关系：

$$N(\alpha) \propto \varepsilon^{-f(\alpha)} \quad (2-20)$$

将式（2-20）与单一分形的表达式（2-14）对比，显然，$f(\alpha)$ 可以看成是具有相同 α 的分形子集的维数，这是一个由无穷个 α 组成的序列构成的谱函数，被称为多重分形谱。由此可见，多重分形理论的研究思想是用一个谱函数来刻画分形集不同层次的结构行为和生长特征，每一个函数值代表一个分形维数，从而可以从局部特征推究动力学系统的整体特征（陈顒和陈凌，2005）。

为了了解多重分形子集的分布特征，引入统计物理中的矩表示法，定义分形子集上的 q 阶配分函数，即对密度分布函数 $P_i(\varepsilon)$ 进行加权求和（Halsey et al.，1986）：

$$\chi_q(\varepsilon) = \sum_{i=1}^n P_i^q \quad (2-21)$$

则广义维(Rényi 维)可定义为:

$$D_q = \frac{1}{q-1} \lim_{\varepsilon \to 0} \frac{\lg \chi_q(\varepsilon)}{\lg \varepsilon} \quad (2-22)$$

$\alpha \sim f(\alpha)$ 和 $q \sim D_q$ 是描述多重分形的两套数学语言,这两套语言可以通过下式互相转换:

$$D_q = \frac{q\alpha - f(\alpha)}{q-1} \quad q \neq 1 \quad (2-23)$$

因此在实际应用中,可根据具体情况选择任一一套语言。

2.3.4 R/S 分析法

R/S 分析法是一种针对时间记录的分析方法,全称为"重标极差分析法"(Rescaled Range Analysis),最初是英国水文学家 Hurst 为了研究尼罗河水位涨落趋势规律提出的一种方法(Hurst et al., 1965)。R/S 分析法与分形有着紧密的联系,因此也被认为是一种重要的分形分析方法。

(1) R/S 分析过程

对于一个时间序列 $\{t_i\}$, $i = 1, 2, \ldots, N$,将之分为 b 个尺度为 n 的子序列。在每一个子序列中求取平均值:

$$\bar{t} = \frac{1}{n} \sum_{i=1}^{n} t_i \quad (2-24)$$

计算子序列第 i 个累积离差:

$$Z(i, n) = \sum_{j=1}^{i} (t_i - \bar{t}), \quad 1 \leq i \leq n \quad (2-25)$$

计算极差 R:

$$R(n) = \max Z(i, n) - \min Z(i, n) \quad 1 \leq i \leq n \quad (2-26)$$

计算子序列的标准差 S:

$$S(n) = \sqrt{\frac{1}{n} \sum_{i=1}^{n} (t_i - \bar{t})^2} \quad (2-27)$$

依次求取各子序列的 R/S,取其平均值 $(R/S)_n$。变换时间尺度 n,重复以上计算步骤。

Hurst 发现 $(R/S)_n$ 与 n 之间存在幂律关系:

$$(R/S)_n \propto n^H \quad (2-28)$$

式中,H 被称为 Hurst 指数,其取值范围在 0 和 1 之间。

从 R/S 分析过程可知其基本思想在于变换 n 从而研究不同时间尺度下时间变量的统计特征,最后获得具有幂律关系的经验公式,进而可以将从小时间尺度中获得的规律用于大时间尺度,反之亦然。这种思想正是分形理论的核心思想。

(2) Hurst 指数与自仿射分形

标度不变形和自相似性是分形的重要特征,自相似性可以看作是部分图形经过均匀放大后与整体图形相似的性质,而如果这种变换的标度在各个方向是不均匀的,这种变换叫做仿射变换,如果仿射变换后的图形仍然与整体图形相似,这种图形就叫做自仿射分形,数学表述为:

$$f(c\varepsilon) = c^H f(\varepsilon) \qquad (2-29)$$

显然,自相似分形是自仿射分形的特例,此时 $H = 1$。自仿射分形求局部维数的公式为:

$$D = 2 - H \qquad (2-30)$$

式(2-29)和式(2-30)中的 H 就是 Hurst 指数。为什么 R/S 分析法求得的 Hurst 指数会与自仿射分形有着如此紧密的联系呢?

在这里引入分数布朗运动,它是由 Mandelbrot 在布朗运动的基础上进行的推广(Mandelbrot and Vanness, 1968; Mandelbrot, 1985)。分布在区间 $[0, T]$ 上的时间函数 $B_H(t)$,如果它具有以下特征,就可以称之为分数布朗运动:① $B_H(t)$ 的数学期望为 0;② $B_H(t)$ 的方差与 T^{2H} 成正比;③ $B_H(t)$ 的标准差与 T^H 成正比。由第③条性质很容易得到:

$$f(t) = \sigma(B_H(t)) \propto T^H \qquad (2-31)$$

$$f(ct) = \sigma(B_H(ct)) \propto c^H T^H \qquad (2-32)$$

$$f(ct) \propto c^H f(t) \qquad (2-33)$$

显然,分数布朗运动是一个自仿射分形。

Mandelbrot(1982)证明了,在分数布朗运动中:$R(T) \propto T^H$,而且,对于归一化的布朗函数:$S(T) \propto 1$。于是

$$\frac{R(T)}{S(T)} \propto T^H \qquad (2-34)$$

因此,分数布朗运动中的 H 就是 Hurst 指数。

分数布朗运动的最大特点就是它具有长程相关性,即该函数过去的变化与未来的变化在统计上相关。考虑 $-t, 0, t$ 时刻的分数布朗函数 $B_H(-t), B_H(0), B_H(t)$,则 0 时刻过去变化量和未来变化量的相关函数 $C(t)$ 为:

$$C(t) = \frac{E\{[B_H(0) - B_H(-t)][B_H(t) - B_H(0)]\}}{E[B_H(t) - B_H(0)]^2} = 2^{2H-1} - 1 \qquad (2-35)$$

从式(2-35)中可以看出,Hurst 指数的取值决定了时间函数的变化趋势:

(1)当 $0.5 < H < 1$ 时,$C(t) > 0$,这时未来的变化与过去的变化是正相关的,即过去增加的趋势意味着在未来从平均意义上说也会有一个增量,反之亦然。这种过程被称为具有持久性。

(2)当 $H = 0.5$ 时,$C(t) = 0$,这种情况下过去和未来不相关,这种情况实际上就是推广之前的正常布朗运动,是一个完全随机的过程。

(3)当 $0 < H < 0.5$ 时，$C(t) < 0$，此时时间函数具有反持久性，即过去平均意义上的一个增加的趋势会在将来变为减小的趋势。

Hurst 用 V 统计量来检验时序分析的稳定性，同时 V 统计量可以用来表征时序过程的循环长度：

$$V_n = \frac{(R/S)_n}{\sqrt{n}} \qquad (2-36)$$

将 V 统计量和 n 投到双对数坐标系中，寻找折线的断点，即突然呈现反折线上升/下降趋势的点，这个点对应的 n 值就是时序的循环长度。

2.4 成矿动力学数值模拟的基础理论

2.4.1 数值模拟和 FLAC3D 简介

成矿系统五个基本过程(力学变形—流体流动—热量传递—物质传递—化学反应)可以用一系列偏微分方程来进行描述，从而使在虚拟计算平台上模拟成矿过程成为可能。解偏微分方程有两种方法：解析法和数值法，考虑到地质体复杂的几何形态和各种地质参量的非线性变化，用解析的方法来求解成矿动力学过程，偏微分方程几乎不可能，这些偏微分方程一般只能通过数值方法来求解。

有限差分法(Finite Difference, FD)和有限元法(Finite Element, FE)是目前最常用的两种数值模拟的方法。本书进行动力学数值模拟的软件平台 FLAC3D 采用的是有限差分法来求偏微分方程的数值解。有限差分的基本思想是以变量离散取值后对应的函数值来近似微分方程中独立变量的连续取值。这种方法的实现一般包括两个步骤：①通过生成有限差分网格，将待求解的物理域分割成大量相邻且不重合的子域，从而将连续的变量离散化，得到差分方程组的数学形式；②求解差分方程组，这一步根据特定问题会采用不同的解法，但求解过程都会关注两类问题：初始值和边界条件。

FLAC3D 的全称是连续介质的三维快速拉格朗日分析法(Fast Lagrangian Analysis of Continua in 3 Dimensions)，是一种显式有限差分法。在给定的边界条件下，FLAC3D 赋予每个有限差分网格单元一定的线性或非线性本构关系，如果材料在单元应力的作用下产生屈服或塑性流动，则单元网格会随着材料的变形做出相应的移动和变化。FLAC3D 采用的显式时程方案使其求解过程中无需存储刚度矩阵，无需求解大型联立方程，这让 FLAC3D 在模拟大变形的问题时具有明显优势。此外，FLAC3D 内嵌有静力、动力、蠕变、渗流和热五种计算模块，各模块间可以互相耦合(Itasca Consulting Group, 2005)。目前，FLAC3D 已经深入应用于模拟成矿系统内部热动力驱动 - 流体流动 - 应力演化 - 构造变形及耦合成矿等过程的研究中(Liu et al., 2012; Zhang et al., 2003; 杨立强等, 2003)。

2.4.2　FLAC3D 求解动力学过程的本构方程和状态方程

在成矿系统多过程中，FLAC3D 只包含力学 – 流体 – 热三种过程的计算模块，以下对各过程计算模块的本构方程和状态方程作一简要介绍：

1）力学关系

在成矿动力学的模拟实验中，岩石往往被看成是摩尔 – 库仑各向同性的弹塑性材料。在荷载的作用下，岩石首先发生弹性响应，到达屈服点后则进入塑性状态。屈服函数可用下式表达：

$$f = \tau_m + \sigma_m \sin\varphi - C\cos\varphi \quad (2-37)$$

式中，τ_m 为最大剪切应力；σ_m 为平均应力；φ 为内摩擦角；C 为内聚力。当 $f<0$ 时岩石处于弹性状态，$f=0$ 时岩石处于塑性状态。塑性位函数可以表达为：

$$g = \tau_m + \sin\psi - C\cos\psi \quad (2-38)$$

式中，ψ 为扩容角。在离散化的有限差分网格中，岩石力学变形的控制方程为：

$$\begin{cases} \sigma_{ij,j} + \rho b_i = \rho \dfrac{dv_i}{dt} \\ \xi_{ij} = -\dfrac{1}{6V}\sum_{l=1}^{4}(v_i^l n_j^{(l)} + v_j^l n_i^{(l)})S^{(l)} \end{cases} \quad (2-39)$$

式中，σ 为应力张量；ρ 为岩石密度；b 为单位质量体积力；v 为速度；ξ 为应变率；V 为离散化后的四面体的体积；S 为四面体外表面积；n 为四面体外表面的法向向量分量；上标 l 表示节点 l 上的变量；上标 (l) 表示面 (l) 上的变量。

2）热量传递

FLAC3D 中热量的传递是由 Fourier 定律和能量守恒定律控制的，控制方程为：

$$\begin{cases} -q_{i,i} + q_v = \rho C_V \dfrac{\partial T}{\partial t} \\ q_i = -k^T T_{,i} \end{cases} \quad (2-40)$$

式中，q_i 为热通量向量；$q_{i,i}$ 为向量 q_i 关于 x_i 的偏导数；q_v 为热源强度；C_V 为恒定体积的比热；k^T 为导热系数；T 为温度。

3）流体流动

在成矿流体力学中，岩石被看作是由固体和内部许多可连通的微小孔隙组成的多孔介质。这种多孔介质中的流体流动可以用 Darcy 定律来描述：

$$u = -\dfrac{k^f}{\mu}\dfrac{dp}{dx} \quad (2-41)$$

式中，u 为流体流量；k^f 为介质的渗透率；μ 为流体黏度；p 为孔隙流体压力；dp/dx 为流体压力梯度。

在 FLAC3D 中，对于密度不变、各向同性的流体，Darcy 定律可写作：

$$u_i = -k_{il}\hat{k}(s)[p - \rho_f x_j g_j]_{,l} \qquad (2-42)$$

式中,u_i 为流体流量;k_{il} 为介质的绝对流动系数(FLAC3D 中的渗透率);$\hat{k}(s)$ 为相对流动率系数,是一个关于饱和度 s 的函数:$\hat{k}(s) = s^2(3-2s)$;ρ_f 为流体的密度;g_j 为重力加速度在 x_j 方向上的分向量。

在实际应用中,Darcy 定律可写成以下形式:

$$u = -\frac{k\rho_f g}{\mu}\frac{\mathrm{d}H}{\mathrm{d}x} = -K\frac{\mathrm{d}H}{\mathrm{d}x} \qquad (2-43)$$

式中,K 为导水系数;H 为水头。定义流体势 Φ(Hubbert,1940):

$$\Phi = \rho_f g h + p \qquad (2-44)$$

式中,h 为高差头。在流体动力学中,水头梯度和流体势梯度被认为是流体流动的驱动力。具体到地学领域中,在不同的地质条件下流体的驱动力也是各不相同的,这些不同的驱动力应该反映在各种动力学模拟的初始条件中。驱动流体流动的地质因素有多种(池国祥和薛春纪,2011),在 FLAC3D 的模拟实验中,主要涉及以下两个因素:

(1)流体超压。流体超压是指一定深度下孔隙流体压力大于静水压力,造成流体超压的原因是多方面的,比如沉积盆地中压实作用造成孔隙度减小,岩浆侵入时的出溶作用或流体受热膨胀都会造成局部流体体积增大,孔隙度的减小和流体体积的增大都会导致孔隙流体支撑部分或全部上覆岩层的压力,从而造成流体超压。在成矿动力学模拟中,流体超压是驱使深部成矿流体向上运移的最重要的动力机制之一。

(2)岩石的形变。岩石的形变能成为流体流动的驱动力是因为它能造成局部或区域性的流体势梯度,这种影响主要通过以下几种形式发挥作用:①地壳深部的韧性形变及随之发生的脱水作用可以导致流体超压;②靠近地表的岩石发生变形破裂形成开放空间从而造成局部低压,最终与未破裂的岩石间形成流体势梯度;③岩石破裂会引起一系列物理参数的变化(如孔隙度、渗透率等),从而进一步影响流体压力和流体流动。显然,最后一种形式在数值模拟中最具有普遍意义,实际上,岩石形变引起的一系列变化不仅影响流体的流动,而且反过来还会作用于岩石的力学过程和热传递过程,这种复杂的耦合机制正是动力学数值模拟的重要内容。

4)多过程耦合

在本书进行的动力学模拟的范围内,描述力-热-流耦合的本构方程主要有两个:

(1)流体流动引起孔压 p、饱和度 s、体积应变 ε 和温度 T 的相互响应,方程式为:

$$\frac{1}{M}\frac{\partial p}{\partial t} + \frac{n}{s}\frac{\partial s}{\partial t} = \frac{1}{s}\frac{\partial \zeta}{\partial t} - \alpha\frac{\partial \varepsilon}{\partial t} + \beta\frac{\partial T}{\partial t} \qquad (2-45)$$

式中：M 为 Biot 模量；n 为孔隙度；ζ 为单位体积的孔隙介质中流体的变化量；α 为 Biot 系数；β 为体积热膨胀系数。

(2) 传热引起力学变形，其方程式为：

$$\frac{\partial \varepsilon_{ij}^T}{\partial t} = \alpha\frac{\partial T}{\partial t}\delta_{ij} \qquad (2-46)$$

式中，ε_{ij}^T 为热应变张量；δ_{ij} 为 Kronecker 算符。

3 大王顶矿床的区域地质背景及矿床地质特征

3.1 区域地质背景

3.1.1 大地构造位置及地壳演化

大王顶金矿床位于古袍金矿田内，后者在地理位置上隶属于广西昭平县城东南约 30 km 的古袍乡，紧靠桂江的南岸边。从区域成矿分布来看，古袍矿田正好位于大瑶山金矿带的中部。

大瑶山金矿带构造属性为近 EW 向的加里东褶皱隆起带，成矿带规模的断裂为近 EW 向，同时存在 NW 向、NE 向和近 NS 向的次一级断裂(图 3-1)。从相互关系来看，近 EW 向断裂的走向与区域褶皱一致，规模最大而且形成时间也最早(许智迅等，2012)。

本区地壳构造演化经历了地槽、地台和地洼三个性质不同的大地构造发展阶段(陈国达，1985)。第一阶段是志留纪及以前，本区地壳处于活动的地槽阶段，一直到志留纪末发生了加里东造山运动，使本区地层褶皱回返，形成近 EW 轴向的褶皱，并发育强烈的岩浆活动。在此之后一直到晚三叠世早期整个区域地壳一直处于稳定的地台阶段。从晚三叠世晚期开始，本区进入地洼阶段(表 3-1)，形成主要为 NE 向至 NNE 向的构造，并发生强烈的岩浆活动。

3.1.2 区域地层与沉积建造

大瑶山褶皱隆起带属华南加里东褶皱带的一部分。从整个华南区域上看，褶皱带的地层包括了从震旦系到奥陶系。但在大瑶山褶皱带的中部，出露的地层主要为寒武系，其次为震旦系，奥陶系和志留系出露在其南边(图 3-1)。

从震旦系到奥陶系，地层岩性主要都为杂砂岩和页岩，从岩性组合来看，这是一套巨厚的复理石建造(表 3-1)。整个复理石建造的厚度大于 10000 m，仅寒武系就大于 6000 m。这是一套在深水活动环境中沉积的岩石，大多应为浊积成因，是一套有利于金矿成矿的岩石。

出露于大瑶山造山带的晚古生代地层主要为泥盆系，特别是早泥盆统(图 3-1)，这是一套以砾岩和含砾砂岩为主的磨拉石建造(表 3-1)，是地壳造山运动结束的标志。中泥盆统以后的晚古生代地层主要出露在大瑶山褶皱带以西、以北地区，少量出露于造山带之西南(图 3-1)。从构造属性上看，这些晚古生代地层出露的区域已不属于大瑶山褶皱带的范围，而属于晚石生代的沉积盆

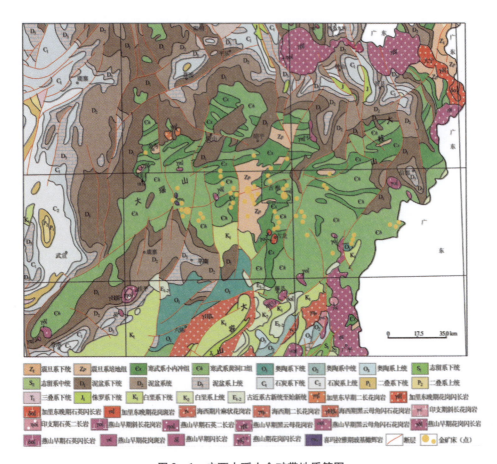

图 3-1 广西大瑶山金矿带地质简图

[据广西壮族自治区地质矿产局(1985)修编]

地。这些沉积盆地发育的晚古生代地层主要为碳酸盐岩建造,局部夹有一些砂页岩建造(表 3-1),为相对稳定的地台阶段的产物。中生代地层主要出露在大瑶山造山带的南部及以南的大片区域(图 3-1),主要分布在一些陆相小盆地中。晚三叠世以后的中生代地层主要为红色陆相砾岩、砂岩和页岩,并含有陆相火山岩和膏盐,为活动陆相环境中沉积的类磨拉石建造、砂页岩建造和蒸发岩建造(表 3-1)。标志着本区在晚三叠世以后又进入活动的地壳发展阶段。

表 3-1 大瑶山褶皱带及其周边地区地壳演化特征简表

地质时代			年龄(Ma)	大地构造阶段	沉积建造	岩浆作用	变质作用	构造活动	地壳运动
代	纪	世							
新生代	第四纪	Q	2.6	地洼阶段	松散沉积				喜玛拉雅运动
	新近纪	N	23.3		陆相砂泥岩夹蒸发岩及褐煤				
	古近纪	E							
中生代	白垩纪	K₂	65		陆相砂泥岩夹火山岩及蒸发岩	花岗岩、花岗闪长岩、石英闪长岩、闪长岩、大岩基和小岩枝	岩体周围的接触交代变质和热变质	短轴褶皱，伸展、逆冲及平移断层	燕山运动三幕
		K₁	96						燕山运动二幕
	侏罗纪	J₃	137		陆相类磨拉石建造，局部含煤				燕山运动一幕
		J₂							
		J₁	205						
	三叠纪	T₃	227		砂岩、泥岩夹碳酸盐岩	斜长花岗岩、石英二长岩，小岩枝			印支运动
		T₂	241						
		T₁	250						
晚古生代	二叠纪	P₃	257	地台阶段	碳酸盐岩夹砂页岩建造	花岗岩、二长花岗岩、角闪石花岗岩，大岩基	岩体周围的接触交代变质和热变质	宽缓褶皱，伸展断层	东吴运动
		P₂	277						
		P₁	295						
	石炭纪	C₂	320		碳酸盐岩建造		无变质		柳江运动
		C₁	354		砂页岩建造				
	泥盆纪	D₃	372		碳酸盐岩夹砂页岩，底部为磨拉石建造				
		D₂	386						
		D₁							
早古生代	志留纪	S₃	410	地槽阶段		花岗岩、花岗闪长岩和石英闪长岩，大岩基和小岩株	绿片岩相变质作用，其南部的云开隆起带发生了混合岩化，能到角闪岩相	紧闭线状褶皱，逆冲断层	广西运动
		S₂							
		S₁	438						
	奥陶纪	O₃			杂砂岩、复理石建造				北流运动
		O₂							
		O₁	490						
	寒武纪	€₃	500						郁南运动
		€₂	513						
		€₁	543						
元古代	震旦纪	Z₂	630						
		Z₁							

资料来源：广西壮族自治区地质矿产局(1985)

表3-2 古袍矿田及周边区域出露地层简表

系	统	组		代码	厚度/m	岩 性
第四系	全新统	桂平组		Q_4g	2~12	现代河流及河漫滩沉积的砂土、亚黏土及砾石
	更新统	望高组		Q_3w	2~5	河流相砾石及砂泥等
泥盆系	下统	郁江组	第二段	D_1y^2	>100	底部为中-薄层状泥灰岩或生物碎屑微晶灰岩与泥岩互层,往上为中-薄层状泥岩、页岩或中-厚层状生物碎屑微晶灰岩
			第一段	D_1y^1	>170	底部为厚层状含铁锰结核细粒石英砂岩和粉砂岩,下部为中-厚层状细粒石英砂-泥岩组合,上部为中-薄层状泥岩
		那高组		D_1n	288	中-厚层状细粒石英砂岩夹薄层状粗粒石英砂岩、中-薄层状粉砂岩、泥岩
		莲花山组	第二段	D_1l^2	274~454	中-厚层状细粒石英砂岩夹泥质粉砂岩、粉砂质泥岩
			第一段	D_1l^1	519~839	底部为厚层状底砾岩-含砾石英细砂岩-粉砂岩组合,下部为厚层状中-细粒石英砂岩夹泥质粉砂岩、粉砂质泥岩,中部为厚层状细粒石英砂岩-中薄层状细粒石英砂岩夹粉砂岩、粉砂质尼岩组合
寒武系		黄洞口组	第五段	ϵh^5	>1200	含砾不等粒杂砂岩、粉砂岩和泥岩
			第四段	ϵh^4	670~1230	含砾不等粒杂砂岩、粉砂岩和泥岩
			第三段	ϵh^3	1260	中、下部为厚层状(含砾)不等粒杂砂岩夹薄层粉砂质泥岩、薄层粉砂岩与泥岩互层。上部为泥岩与不等厚砂岩互层
			第二段	ϵh^2	1200	含砾杂砂岩、不等粒杂砂岩、粉砂岩、泥页岩及炭泥岩组合
			第一段	ϵh^1	787~1064	中、下部为砾岩、不等粒杂砂岩、粉砂岩、粉砂质泥岩、泥岩及少量含炭泥岩组合。上部为泥岩夹少量陆源碎屑浊积岩
		小内冲组	第二段	ϵx^2	1137~1144	厚层不等粒杂砂岩、薄层粉砂岩、粉砂质泥岩、泥页岩及含炭泥岩组合
			第一段	ϵx^1	5~20	中下部为厚层状不等粒杂砂岩、粉砂岩、粉砂质泥岩及泥页岩组合。上部为泥页岩、含炭泥岩夹陆源碎屑浊积岩
震旦系		培地组	第四段	Zp^4	200~647	不等粒杂砂岩、粉砂岩、泥岩及含炭泥岩夹多层硅质岩
			第三段	Zp^3	679	不等粒杂砂岩、粉砂岩、粉砂质泥岩及泥页岩组合,局部夹几层透镜状硅质岩
			第二段	Zp^2	707	厚层状不等粒杂砂岩、薄层粉砂岩、粉砂质泥岩及块状泥岩等
			第一段	Zp^1	>434	不等粒杂砂岩、粉砂岩、粉砂质泥岩及泥页岩,从下到上,颗粒由粗变细

资料来源:广西壮族自治区区域地质调查研究院二分院(1995)

3.1.3 区域岩浆岩与热演化

在整个大瑶山褶皱造山带，其岩浆岩的发育具有非常独特的特征，表现在：

(1)整个大瑶山造山带的隆起核心部位，岩体既少又小，而且其中不少可能并不是加里东期的。一般而言，褶皱造山带的隆起区是高地热区域，岩浆活动应该是相当发育的，如同为华南加里东造山带的福建武夷山地区(张芳荣等，2009)和本区以南的云开地区，这些地区都发育有大规模的加里东期的中酸性岩浆岩(花岗岩类)(彭松柏等，2006)。而在大瑶山造山带的隆起区，不但加里东期的岩体又少又小，其他构造期的岩体也很少，岩浆岩体主要都发育在隆起带的边缘，靠近晚古生代沉积盆地的区域(图3-1、表3-3)。

(2)大瑶山造山带南北两侧的隆起带的边缘地带(即晚古生代隆起带与晚古生代盆地的过渡地带)的中酸性岩浆活动非常发育(图3-1)，但岩浆岩的特征存在很大的差异。在北部边缘，发育本区最大的加里东期的花岗闪长岩体(大宁岩体)和巨大的燕山期黑云母花岗岩体(姑婆山岩体和花山岩体)，岩体的长轴和排列方向主要为NW和NNW向。而在南部边缘，发育有本区最大规模的海西期花岗岩(大容山岩体)和燕山期花岗岩，岩体的长轴和排列展布方向主要为NE向。表明大瑶山褶皱造山带的南北两侧相邻的地壳构造单元具有不同的构造－热演化历史。

(3)对于大瑶山造山带中的加里东期岩体，其同位素年龄不但有加里东期的数据，也有印支期的数据。如古袍矿田古里脑岩体(为大王顶岩体群的一部分)，虽然测得有的岩体中锆石的U-Pb年龄为406~460 Ma(广西壮族自治区区域地质调查研究院二分院，1995)，但朱桂田和朱文风(2006)测得了斑岩体中金矿化脉石英的$^{40}Ar/^{39}Ar$年龄为187.87~244.88 Ma，属印支期。同样，在大瑶山造山带中部最大的古龙岩体，陈懋弘等(2011)在苍梧社山复式岩体中，测得花岗闪长岩的锆石U-Pb年龄为435.8 Ma，花岗闪长斑岩的锆石U-Pb年龄为432 Ma，而花岗斑岩锆石U-Pb年龄却为91.05 Ma。表明可能不少加里东期花岗岩体到了印支期和燕山期仍是岩浆活动叠加部位，也有可能不少的加里东岩体本身就是印支期或燕山期的，其测年的锆石可能并非岩浆锆石，而是来源于较老的碎屑岩，所以测年偏老。

(4)岩浆活动带给地壳的最主要作用就是加热，强烈的热作用能导致矿物的重结晶，这种作用应该能在其影响的岩石中留下年代学的证据。李青等(2009)在大瑶山造山带中的寒武系地层中碎屑锆石的U-Pb测试研究却只发现了250 Ma和105 Ma两组热改造年龄，应分别属印支期和燕山期，而没有发现有加里东期的热改造年龄。这一研究成果表明加里东期的岩浆活动带给大瑶山褶皱带的影响其实还没有印支期和燕山期的大。

综上所述，整个大瑶山褶皱带在加里东褶皱造山期可能并没有给整个褶皱岩系带来强烈的热改造，造山运动带来的主要动力学作用是力学变形。

表 3-3 大瑶山造山带出露的主要岩体的基本特征

岩体名称	位置	地表形态及规模	产状	岩石组成	矿物成分 主要	矿物成分 次要	矿物成分 副矿物	同位素年龄
大宁	贺州大宁	哑铃状,552 km²	岩基	花岗闪长岩、花岗岩	石英、斜长石、钾长石	普通角闪石、黑云母	磁铁矿、锆石、榍石、磷灰石	419±6.4 Ma 锆石U-Pb (SHRIMP)
大王顶	昭平古袍	小岩体群 0.2 km²	岩枝	更长花岗斑岩	石英、更长石、钾长石、黑云母	绢云母、绿泥石(蚀变矿物)	磁铁矿、锆石、磷灰石、金红石	406~460 Ma U-Pb
罗平	罗平平村	脉状,12 km²范围内发育127条岩脉	岩脉群	正长花岗斑岩、流纹斑岩、斑状二长花岗岩	斜长石、钾长石、石英	角闪石、黑云母	锆石、磷灰石、榍石、白钛石	450 Ma U-Pb
社山	苍梧岭脚	近圆形 1.5 km²	小岩株	细粒花岗闪长岩	斜长石、石英、普通角闪石	黑云母	锆石、磷灰石、电气石、榍石	432~435 Ma 锆石U-Pb (La-ICP-MS)
古龙	苍梧石龙	近圆形 14.6 km²	岩株	石英闪长岩、花岗闪长岩、二长花岗岩	石英、钾长石、斜长石	黑云母、角闪石	磷灰石、锆石、磁铁矿	419±6.4 Ma 锆石U-Pb (La-ICP-MS)
大黎	藤县大黎	近椭圆形 3.5 km²	岩株	细粒斑状花岗闪长岩	斜长石、钾长石、石英	黑云母、普通角闪石	磁铁矿、锆石、磷灰石、榍石	101~102 Ma 锆石U-Pb (La-ICP-MS)
夏郢	苍梧夏郢	不规则状,250.3 km²	岩基	花岗闪长岩	石英、斜长石、钾长石	黑云母、普通角闪石	磁铁矿、锆石、磷灰石	
新地	苍梧新地	不规则状,53.9 km²	岩基	斑状花岗岩	钾长石、斜长石、石英	普通角闪石、黑云母	钛铁矿、榍石、磷灰石、锆石、磁铁矿	

资料来源:刘腾飞(1993),程顺波等(2009),陈懋弘等(2011),许华等(2012)

3.1.4 区域构造

大瑶山造山带主要的区域构造有4种(图3-1):

(1)近EW向的复式背斜褶皱隆起带,复背褶皱带的核部为寒武系和震旦系的地层,背斜的轴线从西向东由NEE→EW→SEE变化,呈弧形。

(2)近EW向断层,与复背斜的轴近于平行,主要表现为逆冲性质。

(3)NE向断层,切穿近EW向断层,并常常表现为控制晚古生代沉积盆地的伸展断层。

(4)NNE向和近SN向断层,切穿了近EW向断层和晚古生代盆地。

从相互关系来看,这些大型构造的形成演化的顺序可能是:近EW向复背斜褶皱→近 EW 向断层→NE 向断层→NNE 向和近 SN 向断层。当然，由于这些大尺度的断层通常具有长期活动性，它们的世代关系更为复杂。

在古袍矿田及其外围区域（图 3-2），矿集区和矿田的构造主要有 4 类：

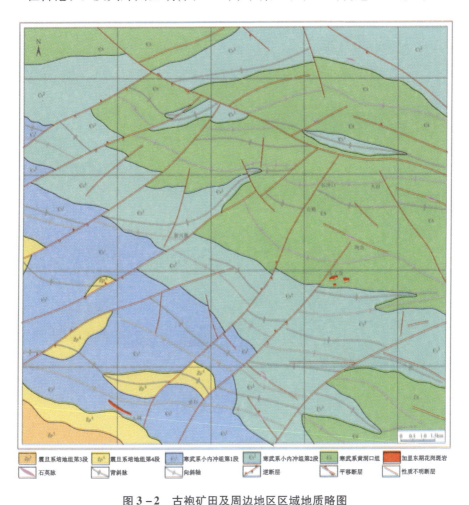

图 3-2　古袍矿田及周边地区区域地质略图

[据中国冶金地质总局中南局南宁地质调查所(2008)修改]

(1) 近 EW 轴向的褶皱：这是造山带褶皱带构造的组成部分，本区主要表现为一复式向斜构造。

(2) NE 走向的断层：主要表现为逆冲断层，是切穿褶皱的，其形成时代应该比褶皱要晚。从图上看（图 3-2），这是本区最发育的断层。

(3) NW 走向的断层：主要表现为左行平移性质，切穿 NE 向断层，应该比褶皱变形和 NE 向断层还晚。

（4）近 EW 走向的断层：与褶皱的轴向基本平行，其中很多中间就发育有石英脉，包括含金石英脉。这组构造在图上没有太多的表现。但并不表明这组断层就不发育。很可能由于这组断层与区域褶皱的轴向是平行的，因而与岩石的层理和片理通常也是平行的，所以不易识别。

3.2　矿床地质特征

矿区出露的地层单元只有寒武系中上统黄洞口组（图 3-3），岩性主要为泥

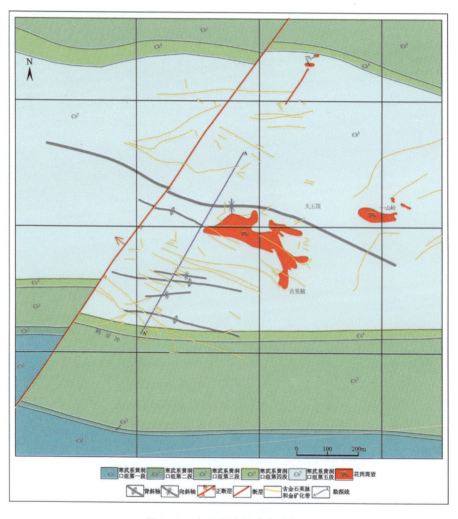

图 3-3　大王顶矿区地表地质图

［据中国冶金地质总局中南局南宁地质调查所（2008）修改］

质粉砂岩及细粒泥质砂岩夹板岩。岩浆岩主要为大王顶、古里脑、山岭几个规模不大的斑岩体,在地表有零星露头(图3-3),另有坑道工程揭露的一个完全隐伏的黄金坡岩体(图3-4)。

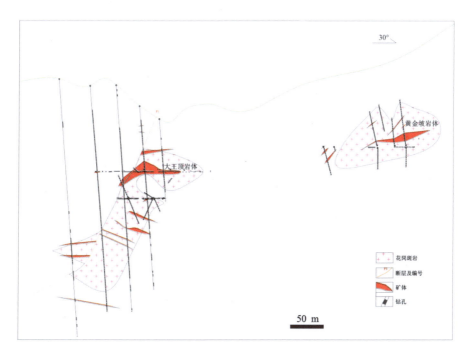

图3-4 大王顶矿区勘探线 AA'剖面图

(勘探线位置见图3-3)

矿区内围岩蚀变类型主要有硅化、绿泥石化、绢云母化和黄铁矿化等,其中硅化和黄铁矿化蚀变与金矿关系最为密切,两者常相伴生,特别是构造破碎地段,黄铁矿化增强,强烈蚀变部位出现黄铁绢英岩化。

3.2.1 矿床构造要素及其相互关系

从矿区地表与坑道所揭露的地质现象来看,矿床构造主要包含4个方面的要素:①复式向斜褶皱构造;②近 EW 向断层及裂隙;③NE 向断层;④NW 向断层。这些地质要素之间以及它们与成矿之间存在密切而复杂的关系。

1) 近 EW 轴向的复式向斜构造

矿区出露的寒武系地层已褶皱成一轴向近 EW 向的复式向斜(图3-3)。复向斜的轴向延长超过9 km。核部为寒武系黄洞口组第5岩性段,主要为砂岩夹少量的泥页岩。向斜南翼地层走向多为 NWW 向,并组成一系列次一级的背斜和向斜,局部地层倒转。向斜的北翼地层走向多为近 EW 向,组成的次级褶皱要比南翼略显宽缓。

2）近 EW 向断层与裂隙

含金石英脉和含金蚀变带都产于这类断层和裂隙中，一般规模偏小，走向可以为 NWW、EW 和 NEE 向（图 3-3）。这些含矿断层的性质也多样，有的表现为逆冲剪切的性质[图 3-5(a)]，有些表现为平移剪切[图 3-5(b)]或斜滑剪切[图 3-5(c)]或伸展剪切的性质[图 3-5(d)]。含矿的裂隙可以切穿花岗斑岩体，并且在含金石英脉中还发育有花岗斑岩的角砾（图 3-6），表明至少有部分含矿裂隙是在花岗斑岩体固结以后形成的。

图 3-5　含矿断层（裂隙）所表现出来的不同性质

（a）逆冲剪切带中的含金石英脉呈不对称褶皱变形；（b）陡立的含金石英脉的脉壁上的水平擦痕指示平移剪切成因；（c）陡倾含金石英脉的脉壁上的擦痕指示其斜滑成因；（d）剪切带中黄铁矿化碳质片岩的膝折变形指示其伸展剪切成因

3）NE 向断层

NE 向断层组为本区比较发育的断层构造（图 3-2、图 3-3），走向 NE 40°左右，有的倾向 NW，也有的倾向 SE（图 3-2）。矿区内见到 NE 向断层主要是是倾向 SE 的。倾角缓，通常发育在同产状的岩体接触带中，断层带中发育有含金石英脉（图 3-7）。从脉的形态来看，断层带的运动主要为斜冲剪切的性质。

3 大王顶矿床的区域地质背景及矿床地质特征 / 35

图3-6 花岗斑岩体中的含金石英脉,石英脉中有花岗斑岩角砾

图3-7 岩体与砂岩之间发育含金石英脉的NE走向断层

4) NW走向的断层

在矿区地表地质图上并没有标绘出NW走向的断层,但地下坑道中NW走向的断层却是非常常见,而且常表现为岩体与围岩之间的边界断层(图3-8)。断层中发育有由石英脉变形的透镜体,断层带中和旁侧的围岩中都发育有方解石

脉,由方解石细脉的产状和断层带中的石英透镜体来分析,此类 NW 向断层为伸展剪切形成的正断层。

图 3-8　岩体与砂岩间的 NW 向断层(产状 235°∠48°)

3.2.2　矿体的几何形态及产状特征

总体来说,本区的金矿体的形态在砂岩和花岗斑岩中是有差异的,在砂岩中的矿体都是脉状的。而在花岗斑岩中,脉状矿体仍是金矿体的一种主要类型,但有些地段,在含金石英脉近旁的斑岩中却有较强的网脉状、细脉浸染状和浸染状的硅化和黄铁矿化,伴随着硅化和黄铁矿化有较强的金矿化,表现出一定程度的斑岩型矿化特征。

1)从边界特征来划分矿体的自然类型

从含矿硅质岩石的产状来分析,矿体的基本类型可划分成 3 类:

(1)具平整物理边界的剪切型含金石英脉:这类矿体具有清晰而平整的物理边界,一般呈单脉或复脉带产于剪切断裂带中。不但带内的碳质泥岩已强烈劈理化,其中有些石英脉也因剪切变形而揉褶[图 3-9(a)]。矿脉的走向主要为近 EW 向,主要产于砂岩之中,也可以一直延伸到花岗斑岩中。矿脉的脉壁上通常还能见到明显的摩擦痕迹,显示斜滑或水平剪切的特征[图 3-5(b)和(c)]。很显然,这类矿脉的形成过程中,剪切变形起过非常重要的作用,矿脉的形成主要归因于造山作用。

3 大王顶矿床的区域地质背景及矿床地质特征 / 37

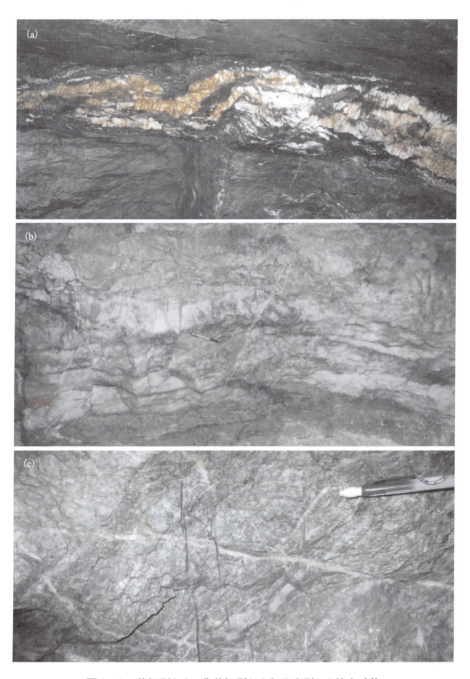

图3-9 剪切型(a)、非剪切型(b)和无定型(c)的金矿体

(2) 物理边界不平整的非剪切型含金石英脉带：这类矿体也是由具明显物理边界的石英脉组成，往往由多条石英脉组成脉带，但单个的石英脉和整个脉带的边界不平整，没有显示出明显的剪切变形特征，却具有明显张性破裂之特征[图3-9(b)]。这类石英脉主要产于花岗斑岩中，其走向主要为近 EW 向和 NE 向。很显然，这类矿体的形成应该在造山以后，矿体形成于一种张性破裂的环境。

(3) 没有明显的物理边界的斑岩矿体：由网脉状、细脉浸染状和浸染状矿化的硅化黄铁矿化花岗斑岩组成，硅化部分呈细脉状，但硅化细脉并没有特别明显的优势方向，主要的硅化是呈团块状、细脉浸染状和稠密浸染状[图3-9(c)]。与通常的蚀变岩型金矿不同的是，本区的黄铁矿化和硅化强烈，却没有明显的绢云母化。

2) 石英脉和矿体的走向分组

统计本区石英脉的产状，从走向来分可以划分为4组：①近 EW（即 NWW-SEE）组；②NE 组；③NW 组；④近 SN 组（图3-10）。各组石英脉的特征差别较大，也不是所有各组的石英脉都能形成工业矿体。能形成工业矿体的主要是近 EW 向的石英脉组，其次为 NE 向组和 NW 向石英脉组，SN 向石英脉基本上不含 Au，为成矿后的。

(1)(NWW-SEE)走向石英脉：这是最主要的石英脉，大多数矿脉和大的矿体都是呈现 NWW-SEE 走向，一般规模比较大。从其法线的投影图来分析（图3-11），这系列石英脉的倾向分为两组，一组倾向北，一组倾向南。一般在

图3-10　石英脉走向统计玫瑰图

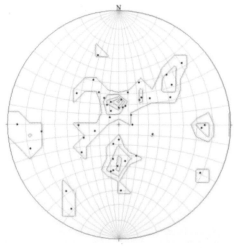
图3-11　石英脉法线投线点及等值线图

矿区的北部，矿体向北倾，而矿区的南部，矿体向南倾。矿体可产于砂岩，也可产于斑岩中，产于砂岩中的矿脉主要定位于砂岩中近碳质页岩夹层的部位，产于斑岩中的矿脉主要定位于斑岩靠砂岩的接触带上。

(2) NE 走向石英脉：这是本区重要的含金石英脉类型，其重要性仅次于近 EW 走向石英脉，主要产在花岗闪长斑岩的内接触带上，与斑岩体的接触带产状平行，主要呈复脉带型，并显示出非常复杂的组成和成因特征。早期烟灰色石英脉具有在剪切面基础上张开的成因特征，而晚期的白色石英脉具有纯张性成因的特征(图 3 – 12)。

图 3 – 12 花岗斑岩内接触带上 NE 走向的复脉带

(3) NW 走向石英脉：这种走向的石英其实不是很发育，规模一般比较小，一些接近 E – W 向的 NW 向石英脉也同样位于花岗斑岩体的接触带，并且发育黄铁矿，容矿裂隙显示出明显的张性破裂的特征[图 3 – 13(a)]。有些部位的 NW 走向的石英脉和 NE 走向的石英脉一样显示剪切破裂的特征，两者可形成共轭剪切并产生张性追踪形成比较宽大的近 EW 走向的石英脉，其中发育硫化物(方铅矿等)[图 3 – 13(b)]。NW 走向的石英脉至少有两期，早期的为烟灰色，是含金的，晚期的是白色的，基本不含金，可见到前者被后者错断[图 3 – 13(c)]。后者主要是一些方解石、石英细脉。

(4) 近 SN 走向石英脉：此产状的石英脉也不是很发育，主要为后期发育的一些纯白的不含金的石英脉。

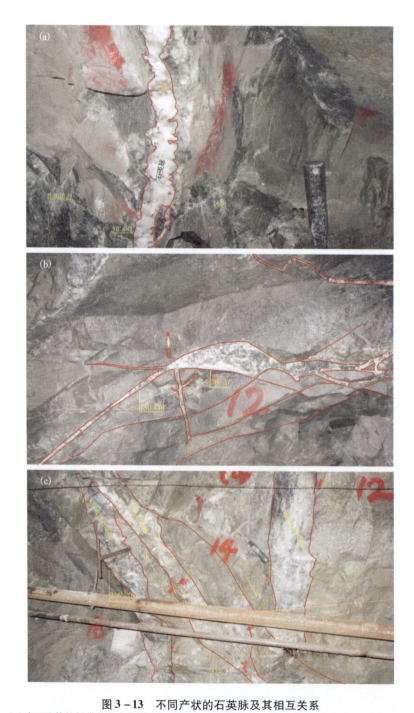

图 3-13 不同产状的石英脉及其相互关系

(a)产于岩体接触带的富含黄铜矿的石英脉;(b)砂岩中追踪 NW 和 NE 两组裂隙形成的含方铅矿石英脉;(c)北倾的 NW 走向的白色石英脉错断了南倾的 NW 走向的烟灰色石英脉

4 大王顶矿床空间结构的计算模拟

4.1 大王顶岩体的三维形态模拟

对于地质领域的三维形态模拟来说，计算机图形学方面的技术难题已基本解决，目前诸多成熟的数据模型和模型构建算法已足以让地质工作者将注意力集中在地质问题本身。尽管如此，构建复杂地质形态模型仍然是一个巨大的挑战，原因在于：每个地质模型的数据来源和数据特点各不相同，不存在通用的建模方法；在每一个建模实践中都会遇到该地区独有的复杂地质状况；而且，虽然地质数据的种类越来越多，内容也越来越详尽，仍然只能反映空间跨度巨大的地质系统的冰山一角，无法像医学影像扫描那样只需要将信息量充分完备的数据插值重绘即可，因此，在地质建模过程中必然要加入模拟者对地质现象的判断和对地质规律的理解。构建一个复杂、准确的地质模型不仅是一个穷尽现有数据的过程，更是一个描述并挖掘地质信息、理解并验证地质系统空间规律的过程。

对于具体的矿床而言，形态模拟至少包括以下几方面的内容：①数据的来源与格式；②空间数据模型的选择；③模型构建与光顺算法；④模型的验证——排除建模问题的多解性。

揭露大王顶岩体的数据有多种来源，而且这些多源数据在不同区域有着不同的组合形式，包括：①将非同源数据转化成可被统一利用的形式，这就涉及到勘查数据的处理；②在不同的建模范围内结合不同的建模方法，特别是在同时存在多种地质信息的区段，本书提出了一种基于多级约束的多源数据融合法，可以有效地用于多源信息区段中复杂形态模型的构建。

4.1.1 原始勘查数据的处理

在大部分地质问题中，数据来自二维平面图、剖面图、素描图和分析表格等，这些数据并不能直接用于三维建模。因此模拟的第一步就是建立勘查数据库，用诸如三维化、矢量化等处理方法将这些原始资料转化成可以被直接利用的形式集成到数据库中。

1）钻孔数据处理

钻孔编录数据是最基础的地质资料获取方式之一，对于钻孔资料的利用方式有两种：一种将已有的依据钻孔编录数据解译出的地质剖面图三维化，作为图形元参与模拟；一种是直接将编录数据录入数据库，然后在三维空间中进行解译和后续的模拟。本书出于以下考虑采用了后一种方式：①传统地质剖面绘制的前提是将钻孔数据投影到勘探线剖面上,但在大王顶矿区,许多钻孔严重偏离勘探线,采用投影钻孔绘制的地质图作为数据来源必然会对模拟的准确度产生不良的影响;②原始资料的入库有利于数据的管理和后续模拟,比如,为了形态模拟而三维化的剖面图只能用于相关地质体的形态模拟,而钻孔资料数据库不仅能用于形态模拟,也能用于其他方面如矿体圈定、属性模拟、地质统计学分析乃至数值模拟等方面。

钻孔的编录数据一般包括工程数据和测试分析数据两部分,这些数据被存储在不同的链表中,链表间通过相同的字段关联(一般是钻孔号)。这些链表的形式在不同的商业软件中都是类似的,以本书使用的 Micromine 平台来说,原始数据存储于四个相关联的表中,即钻孔开孔位置表、钻孔测斜表、钻孔岩性编录表和钻孔取样分析结果表,四个表包含的工程和地质信息见表 4-1。

表 4-1 Micromine 地质数据库各链表的字段信息

数据库类别	表类别	字段信息
钻孔数据库	钻孔开孔位置表	钻孔号、钻孔深度、北坐标、东坐标、高程
	钻孔测斜表	钻孔号、方位角、倾角、测斜深度
	钻孔岩性编录表	钻孔号、区间起始(从)、区间结束(到)、岩性代码
	钻孔取样分析表	钻孔号、样品号、区间起始(从)、区间结束(到)、取样长度、金品位
坑道数据库	坑道工程位置表	取样刻槽号、北坐标、东坐标、高程
	坑道取样分析表	取样刻槽号、样品号、区间起始(从)、区间结束(到)、取样长度、金品位、岩性描述

钻孔数据库建立以后,就可以在此基础上生成钻孔的空间轨迹和实时调用钻孔信息(岩性、品位等),并在三维空间中进行地质解译。

2)坑道数据处理

坑道一般是勘查工作进入勘探阶段后为了采矿和探矿的目的而掘进的工程。坑道勘查数据一般包括取样分析结果和坑道素描图,这类数据通常比钻孔数据更有针对性,对于局部地质现象的反映更加准确和详尽。但坑道数据的利用一直没有纳入到地质模拟中来,这并非研究者在主观上有意忽视它的重要性,而是有效地利用坑道编录数据存在极大的困难。目前国内矿山的坑道编录一般采用"压平(顶)法"进行平面素描图的编制:展开时两壁向外掀起,顶板下压,就像坑道压平一样,用这种方法作出的图纸可以做到地质现象相互衔接,但这种地质信息的空间表达方式却对数据的系统化集成利用造成了极大的障碍。相比较而言,钻孔编录是一种线段编录，钻孔取样的真实位置可以很方便地通过工程数据(井口位置、测斜)计算得出，而坑道编录属于三维空间里的面编录，坑道取样并不沿着一条既定的轨迹进行，而是无定向性地散布在左、右硐壁和顶壁三个不同的空间面上，逐一在坑道中获得实测数据成本过高，而从平面素描图中通过手工计算坐标获得大量样品的真实位置则过于繁琐，几乎是项不可能完成的任务。

本书采用了一种"先建模，后建库"的新思路解决了这个难题：首先通过三维建模将二维素描图还原成具有真实的空间形态的坑道模型[图4-1(c)]，在此基础上根据素描图中包含的地质信息构建面状地质要素，并通过VB编程设计的人工干预的半自动匹配搜索法批量计算出样槽起始点和终点坐标，用这些坐标建立工程位置表，并通过相同的字段名(取样刻槽号)与取样分析表相关联(表4-1)，从而建立起坑道数据库，可以方便地进行各种地质信息的提取和相关数据的实时调用[图4-1(e)]。

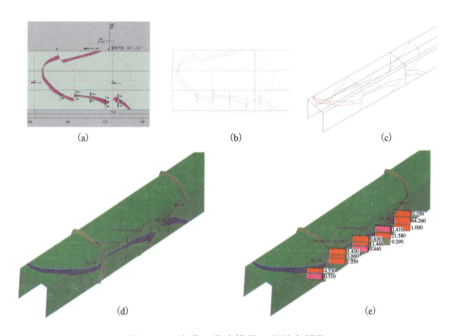

图4-1 坑道三维建模及工程信息提取

(a)原始坑道素描图；(b)矢量化素描图；(c)还原三维坑道；(d)建立TIN模型；(e)坑道取样数据显示

3) 其他来源数据的处理

地质模拟中常用的数据源还包括地形等高线、物化探剖面图、地质点测绘数据等。根据建模的需要，对这些数据的常用处理方法包括数字化、三维坐标转换、离散点插值等，本书在模拟过程中用到的相应方法将在建模的流程中详述。

4.1.2 基于多源数据的形态模拟方法

揭露大王顶岩体的数据来源主要有三种：①地表调查揭露的岩体露头；②钻孔的岩性编录资料；③坑道揭露及坑内钻编录资料。根据数据的垂直分布和组合特征，在建模过程中将大王顶岩体分为三个区段，每个区段应用不同的建模方法。

1）地表岩体的模拟：基于离散点的 TIN 法

区段内的建模数据抽取自湾岛地形地质图中岩体出露区域的等高线。本书采用基于离散点的 TIN 法模拟岩体在地表露头面的三维形态。

基于离散点的 TIN 法是一种常见的构面方法，一般采用这种方法建模的数据点间距较为一致，所构建的曲面的连续性较好，而且建立曲面的约束就是数据源本身，因此曲面的构建只需考虑 TIN 优化。

本书的 TIN 的生成和优化都是在 Gocad 平台上进行的，之所以选择该软件是由于它采用 Delaunay 剖分和 DSI（Discrete Smooth Interpolation，离散光滑插值）算法来构建 TIN。DSI 是一种特别适合自然物体模拟的内插算法，它的基本思想类似于数值模拟解微分方程的思想，将地质体的几何实体离散为彼此联系的空间坐标点，空间其他区域未知点的坐标可以通过求解线性方程组获得（Mallet, 1992, 1997），在这个过程中，地质约束可以转化为图形约束，直接影响 DSI 和曲面网格模型的构建和光滑。

构建大王顶地表岩体形态模型的流程包括 6 个基本步骤（图 4 - 2）：①将抽取的等高线导入 GoCAD 中[图 4 - 2(a)]；②将导入的等高线打散为离散点[图 4 - 2(b)]；③根据数据点范围建立轮廓线[图 4 - 2(c)]；④对目标离散点进行 Delaunay 三角剖分[图 4 - 2(d)]；⑤将原始数据点设为曲面的约束[图 4 - 2(e)中的红点]，采用 DSI 法拟合约束点并进行曲面光滑，生成大王顶地表岩体的形态模型[图 4 - 2(f)]。

2）深部岩体三维形态模拟：自由剖面格网法

这一区段的岩体全部由钻孔揭露。

平行剖面法是最常用的基于钻孔的建模方法，但这种方法不适合本矿区的形态模拟，这是因为有多个钻孔偏离勘探线较远，如果沿着勘探线剖面进行地质解译，解译出的岩性界线形状与实际情况会有较大出入。

在这里本书采用了一种"自由剖面格网法"的建模方法（屈红刚等，2008；郭艳军等，2009；Ming et al., 2010），这种方法突破了勘探线剖面的局限，全流程在三维空间中进行岩性界线的解译。建模流程描述如下（图 4 - 3）：①将每相邻两个钻孔定义一个剖面，而在一些存在多段斑岩的钻孔中，每相邻两个钻孔甚至存在数个剖面，在每个剖面上解译出斑岩界线，并用 Delaunay 三角剖分法生成 TIN[图 4 - 3(a)]；②将所有剖面组成格网，这个格网固定了岩体的整体架构[图 4 -

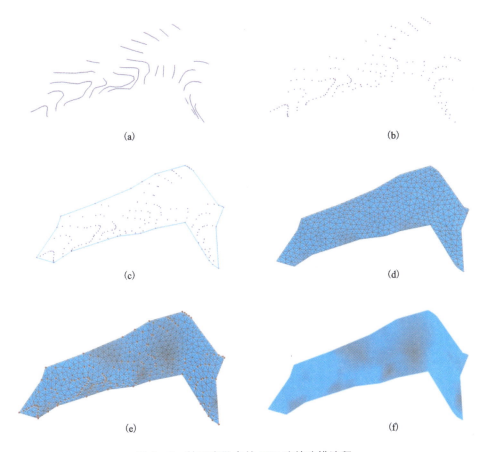

图 4-2 基于离散点的 TIN 法的建模流程

3(b)]；③分别提取格网顶部与底部的点，以基于离散点的 TIN 法建立岩体的顶面和底面[图 4-3(c)]；④根据钻孔中揭露的斑岩变化趋势将岩体的侧面向内尖灭[图 4-3(d)]；⑤融合各面建立岩体的形态模型[图 4-3(e)]。

3) 岩体浅部的三维形态模拟：基于多级约束的多源数据融合法

这一区段的范围介于地表与深部岩体之间，与两者存在过渡部分。该区段岩体由钻孔编录(包括坑内钻)、坑道编录和地表露头共同揭露。

单纯从模拟的角度出发，数据的来源越丰富，所建立的模型精度越高。但与此同时，丰富的数据来源会使建模的难度成倍增加。在本区段这种困难性体现为：①三种数据的延展方向各不相同，钻孔数据是垂向的，坑道数据是近于水平的，而地表的等高线方向则是沿着岩体向地表的延伸方向，如此不具定向性的数据很难采用基于离散点和基于剖面的模拟方法；②数据在空间上的疏密程度存在

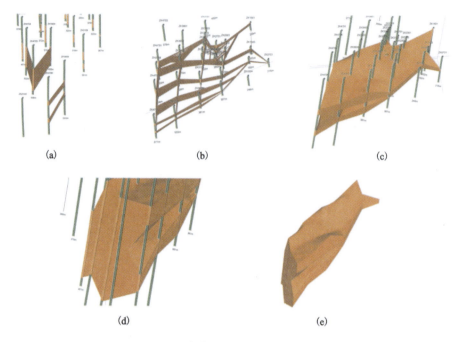

图 4-3　自由剖面格网法的建模流程

很大的差异，出于揭露矿体的需要，坑道的开拓主要集中于前期勘查工作预测的矿体的周边，这就造成数据集中于这一区域，其他区域工程稀疏，事实上目前任何一种成熟的建模方法都包含了自动算法，这些自动算法对于数据的疏密程度极为敏感，强烈不均匀的数据分布会造成模型的可靠程度大大降低；③这一区段揭露的地质状况非常复杂，构造发育，斑岩体和砂岩的分界面形态蜿蜒曲折。

从以上几点来看，这个区段复杂的数据特征和地质状况已经超出了目前常用的模拟方法的适用范围。经过反复地摸索、实验，本书发展出一套适合该区段的模拟方法——基于多级约束的多源数据融合法。

基于多级约束的多源数据融合法的基本思想是：将多源数据置于三维空间，建模的约束不再基于工程范畴（勘探线、中段平面），建模流程也不是固定地由点到线再到面，而是以概念、准则和现象为约束，将源数据在约束区域分为多个子区域，在子区域的建模过程中通过基本点、辅助线与辅助面混合使用，模拟出多种可能的模型，然后根据多级约束确定最合理的子区域模型。最后将各个子区域模型进行融合，形成最终的形态模型。

本次模拟过程中综合考虑了以下几级约束：

一级约束：图形学约束。即在构建 TIN 时不允许产生无效连接和自交叉的现象。

二级约束：数据约束。即构建出的模型不能与原始数据的地质意义相冲突，如某子区域的岩体界面不能延伸到相邻钻孔或坑道内的砂岩中。

三级约束：构造约束。坑道地质调查中发现了多处岩体边界被断层控制。

四级约束：产状约束。坑道素描图中如实地反映了岩性分界面、石英脉带、蚀变带等地质体被揭露的形态，并在素描图中标注了重要的面状地质要素的产状，将这些图件转化到三维空间中，这些图形和信息对形态模拟具有一定的参考价值。

设置多级约束的意义在于，越高等级的约束对模型的约束力越强，在模拟的过程中，建模约束从低级向高级发展，模型在越来越多的约束下由概念化向具体化完善，由粗糙到精细。

在施加多级约束的过程中，采用了以下几种方法：

(1)添加连接线。连接线的作用是在 TIN 剖分之前将相邻边界的对应点连接起来，剖分后，两个被连接的节点之间被一系列三角形的边相连，确保了生成的模型符合地质规律，真实地反映了空间形态的变化特征，同时能有效地减少无效连接和自交叉现象的出现。

(2)在 DSI 插值过程中设置控制节点约束。在模拟过程中通过基本点、辅助线和辅助面来构建 TIN，但并不像传统方法那样严格遵循由点到线到面的顺序，而是将三种几何要素交叉、混合使用，其中辅助线和辅助面都是辅助性质的，本身不会包括在最终的模型中，而基本点包括原始数据中的离散点和合理推断出的关键插入点，这些基本点会保留在最后的模型中，作为严格的约束参与到面模型的构建过程中。在 GoCAD 进行 DSI 插值光滑的过程中，将这些基本点设为目标面的控制节点，控制节点会在三角剖分时作为三角网的固定节点，而且在后续的光滑过程中控制节点的位置也不会发生变化。从而使真实揭露的地质数据都能如实地反映在最终的形态模型中。

(3)通过域编辑实现数据形式的自由融合。多源数据的建模过程中往往伴随着数据形式多样的问题，特别是对于需要施加综合约束的建模方法，要求各种形式的数据能以一种高灵活度的方式进行融合。通过 GoCAD 中"数据域编辑"的方式可以解决这个问题，将需要融合的数据打散成离散点，通过域编辑功能，快速地得到建模需要的融合数据。如图 4-4，a 为两条线段打散成的点，b 为一个面打散成的点，通过域编辑可以迅速提取区域 c 中的离散点用于后续的模拟。

基于多级约束的多源数据融合法的模拟流程包括 4 个主要的步骤(图 4-5)：

(1)在多处坑道中发现斑岩体的边界被断层控制，这些断层倾向为 220°~240°，倾角为 50°~60°。将这些产状作为四级约束，在空间中构建断层面，在多种可能的面模型中，倾向 230°，倾角 56°的曲面最符合实际的坑道揭露特征[图 4

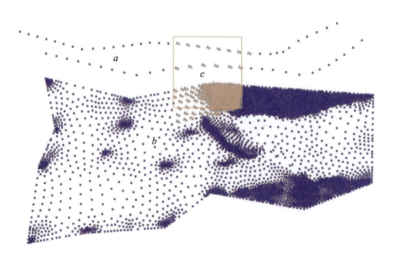

图 4-4 通过域编辑实现数据形式的自由融合

-5(a)]。

(2)将该断层面作为三级构造约束,岩体的部分上界面受此断层的控制。以钻孔数据为原始数据,用自由剖面格网法构建出岩体的上界面轮廓,岩体上界面和断层面通过域编辑进行曲面数据融合[图 4-5(b)],用断层面作为直接约束重新构建 TIN[图 4-5(c)]。

(3)构造约束下建立的岩体模型较好地适应了大部分数据,但有部分坑道揭露的斑岩位于边界之外[图 4-5(d)]。将坑道揭露信息转化为图形元素作为二级约束,通过数据融合重新构建 TIN,得到数据约束下的岩体模型,可以看到该模型符合了现有的工程数据信息[图 4-5(e)]。

(4)以同样的步骤构建其他部分的岩体,并加入之前构建的地表和深部岩体曲面模型[图 4-5(f)],进行曲面融合,并以图形学要求作为一级约束进行检验,除去不合格的三角形和无效连接,最终得到多级约束下的岩体模型[图 4-5(h)]。

4.1.3 大王顶岩体三维形态的空间变化规律

综合利用矿区内所有的勘查资料,构建出两个花岗斑岩体的形态模型(图 4-6)。其中黄金坡岩体规模很小,位于大王顶岩体的东北面,完全为隐伏状态,目前只在浅部有少量工程控制。大王顶岩体复杂形态的空间变化表现为以下5个方面的特征:

(1)岩体呈现一个沿倾向方向长度要远远大于沿走向方向长度的不规则棱柱状。这个棱柱的水平切面方向为 SEE—NWW,与矿区褶皱的轴向基本一致

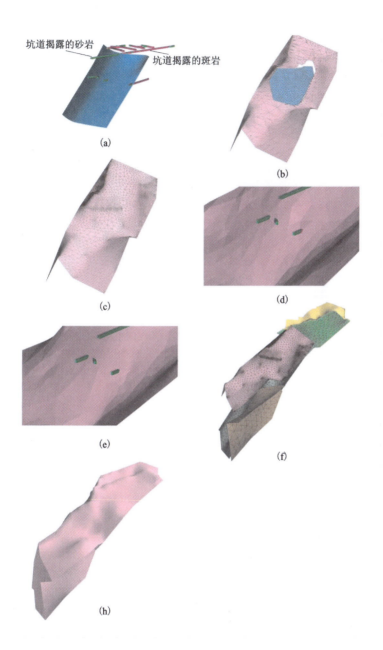

图 4-5 多级约束下的多源数据融合法的建模流程

(a)坑道揭露的断层产状;(b)断层面与岩体边界面融合;(c)融合后的 TIN;(d)一次融合面与断层揭露岩性不符;(e)坑道岩性约束下重新构建 TIN;(f)不同部位岩体面融合;(h)二次融合后的最终岩体界面

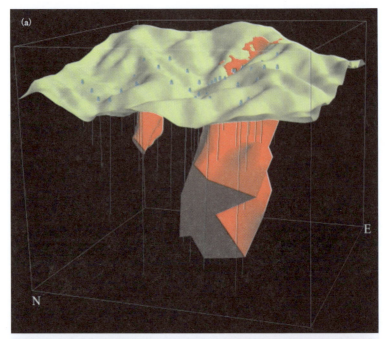

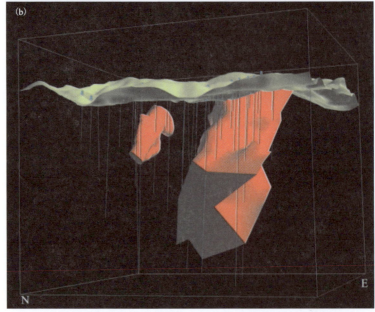

图 4-6 大王顶岩体与黄金坡岩体的三维模型和空间位置

$N \times E \times Z = 900 \text{ m} \times 900 \text{ m} \times 750 \text{ m}$;本节其余立体图三轴尺寸与此相同

(a)岩体的地表露头;(b)两岩体的空间展布及位置关系

(图4-7)。在三维空间上,棱柱体向SWW倾伏,倾伏角30°~60°,侧伏角85°(图4-6)。

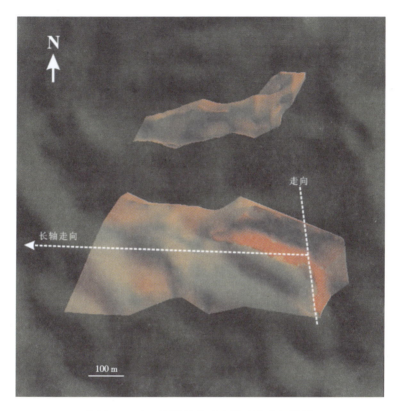

图4-7 大王顶岩体的地表露头及水平投影

(2)岩体并不是均匀稳定地向SWW方向倾伏的,其倾角呈现缓、陡交替的变化规律,目前已证实的缓、陡交替出现在0 m和-50 m标高两处,从0 m至地表,岩体倾角平缓,倾角为20°-40°,0 m至-50 m段,岩体倾角较陡,倾角为50°~70°,而-50 m以下,岩体倾角又变平缓(图4-8)。这种变化的规律向深部可能还会出现,而且现在的勘探成果显示,岩体倾角的这种陡缓交替变化可能对岩体成矿具有制约作用。

(3)棱柱体的上界面向上向围岩凸出,下界面向下向围岩凸出,两侧逐渐向围岩尖灭(图4-8),总体上看,岩体为中心厚、两侧薄的棱柱体,显示岩体的定位空间是一个由中心逐渐向两侧膨胀的扩容空间。岩体上下界面的复杂形态表明这种扩容是极其不均匀的,且受多种因素的制约。

(4)岩体侧面局部向岩体内部凹入,形成插入岩体的砂岩锲入体。目前勘探

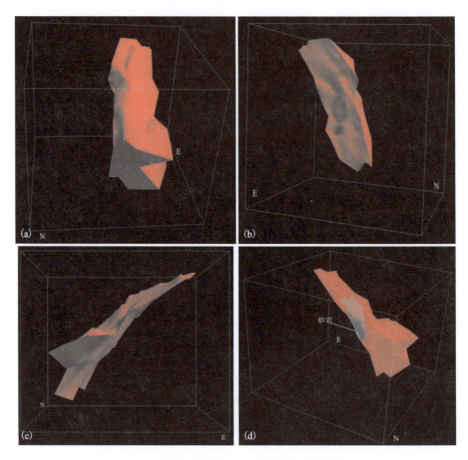

图 4-8 从不同的方位看大王顶岩体的三维形态及产状
(a) 向东看; (b) 向北东看; (c) 向北看; (d) 向北西看

资料揭露的岩体侧面砂岩锲入体主要有两个：一个位于岩体的南侧 -80 ~ -400 m 标高间，砂岩锲入体由侧面向北插入岩体[图 4-8(c)]，另一个位于岩体北侧的 -150 ~ 100 m 标高间，锲入体从底部由南向北插入岩体[图 4-8(d)]。

(5) 岩体向深部有明显变大的趋势，岩体在地表的出露面积为 2100 m²；至 0 m 标高时，其水平截面积为 3100 m²；到 -50 m 标高时，其水平截面积变为 4000 m²；到了 -100 m 标高，其水平截面积为 6300 m²。从矿区深钻来看，岩体可沿目前确定的产状稳定地延伸到 -600 多米处(图 4-9)。

4.1.4 控制岩体形态变化的地质因素

理论上说，岩体的形态主要受两个方面的因素制约：①岩体的侵位机制；②岩体侵位的构造环境。

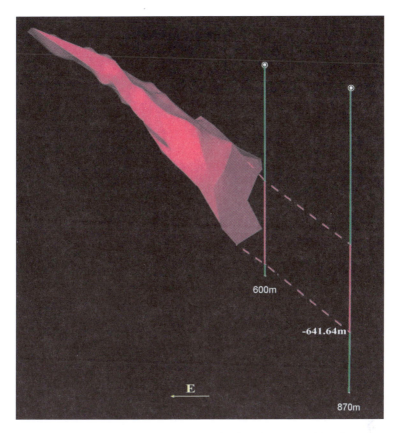

图 4-9　从深部孔看大王顶岩体总体延伸趋势（南视图，屏幕向外为正北）

1）岩体侵位机制及其对岩体形态的制约

岩体侵位机制是根据岩体侵位空间形成的动力机制而定的，主要有两种：①主动侵位机制，即岩体侵位的空间主要是由岩浆上侵作用主动形成的。侵位空间主要是由高压岩浆挤出来的，因而所形成的岩体一般是呈现球形或蘑菇形。②被动侵位机制，即岩体侵位的空间主要是由构造作用形成的，岩浆只是被动地侵位到这个空间中。岩体侵位的构造空间可以是褶皱作用形成的层间虚脱空间，也可以是断层作用形成的扩张空间或滑脱空间。这样形成的岩体的形态主要由构造空间的形态决定。

2）岩体侵位的构造环境及其对岩体形态的制约

构造环境对岩体形态的制约主要通过3个方面的作用来实现：①构造运动提供岩体侵位空间形成的动力条件；②构造改变岩石的渗透率结构从而改变岩浆侵位的空间条件和动力条件；③构造改变岩石强度及其各向异性从而改变岩石破裂

的方式和方位,进而影响岩浆侵位的空间条件。从本区的构造特征来分析,制约岩体形态的构造条件主要是:①岩体侵位时是处于挤压的构造环境还是引张的构造环境?②岩体侵位时的断裂构造性质是什么?③岩体侵位时地层的产状,特别是砂岩中所夹的含碳质页岩层的产状。

从大瑶山区域地质条件和岩体的变形特征来分析,大王顶岩体侵位时,区域地壳应处于一种引张的构造环境,而不是挤压的构造环境,因为挤压的构造环境会引起岩体变形,在岩体中形成一些面理构造,而大王顶岩体中没有这种面理构造。

岩体的边界特征最能反映岩体侵位空间的形成机制及控制因素,矿区现有坑道工程揭露的大王顶岩体的边界特征可归为如下4种主要类型:

(1)岩体下底平缓边界:岩体以平缓边界与下盘的砂岩相接触,接触面平整,呈波状起伏(图4-10),显示出滑脱断层之特征。

图4-10 花岗斑岩与下盘砂岩的平缓边界

(2)岩体上顶平缓边界:岩体以平缓边界与上盘碳质页岩相接触,边界平直光滑,显示明显的剪切变形特征,岩体中发育的石英脉止于边界,沿接触带并不发育与接触带平行的石英脉,边界显示出明显的滑移特征(图4-11),表明边界为滑脱断层。

(3)花岗斑岩与砂岩间的陡倾斜不规则边界:花岗斑岩以极不规则的陡倾斜边界与上盘砂岩相接。边界面呈极不规则的锯齿状,显示出明显的张性破裂之特征。在紧靠接触面的花岗斑岩中发育较强的硅化及与之平行的石英脉[图3-13(a)和图4-12],表明边界是因构造引张作用而形成的破裂空间。

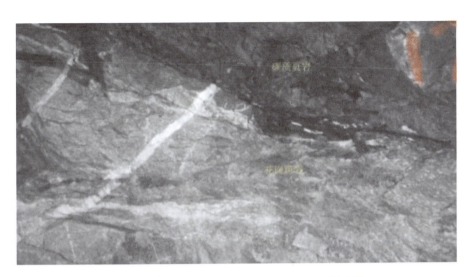

图 4-11 花岗斑岩与上盘碳质页岩间的平缓边界

图 4-12 花岗斑岩体的边界形态

(4) 花岗斑岩与砂岩间的陡倾光滑边界：花岗斑岩以陡倾光滑的边界与上盘砂岩相接，并且在接触带上发育断层破碎带，断层破碎带的边界为光滑的滑动面，带内还发育有花岗斑岩与石英脉的大角砾(图3-8)，表明这个接触断层应该是在花岗斑岩体侵位后还活动过的断层。也有破碎带主要发育在上盘砂岩中(图

4-13)。从此断层带上下盘的分支裂隙特征来分析,此断层应为伸展剪切断层。

图 4-13　花岗斑岩与上盘砂岩之间的断层,产状 249°∠59°

综合大王顶岩体的形态及其边界特征来分析,呈现复杂的倾斜棱柱体形态的大王顶岩体不可能完全是由主动侵位形成的,岩体侵位的空间应该是由断层扩容和层间扩容而形成,扩容的动力除了引张的构造应力外,还应该存在高压岩浆的水压致裂。控制岩体的边界断层为两组,产状分别为 330°∠59° 和 229°∠55° 左右,这两组断层的交切线的产状为 272°∠41°,与大王顶岩体的最大延长线产状一致(图 4-14),岩体就是沿这两组断裂的交叉部位被动侵位的,岩体侵位过程中,又追踪了岩层间的滑脱空间,而层滑空间又与褶皱形态密切相关,从而造就了岩体的复杂形态。而岩体从地表向深部逐渐变大的原因可能是:岩浆侵位到破裂和层间的空间并不完全是被动的,超压的岩浆流体还存在较强的扩容作用,越往浅部,岩浆越固结,对围岩的推挤力也越小。

4.2　大王顶矿床 Au 元素分布的分形分析

4.2.1　Au 元素的 C-V 模型及矿化分区

Cheng 等(1994)提出的 C-A(Concentration - Area,浓度 - 面积)模型被广泛地应用于地球化学勘查中,该模型可表述为:

$$\begin{cases} A(\rho) \propto \rho^{-\alpha_1}, \rho \leq \nu \\ A(\rho) \propto \rho^{-\alpha_2}, \rho > \nu \end{cases} \quad (4-1)$$

式中 $A(\rho)$ 为浓度大于或等于 ρ 的区域的面积;ν 是区分不同矿化异常的阈值;α_1

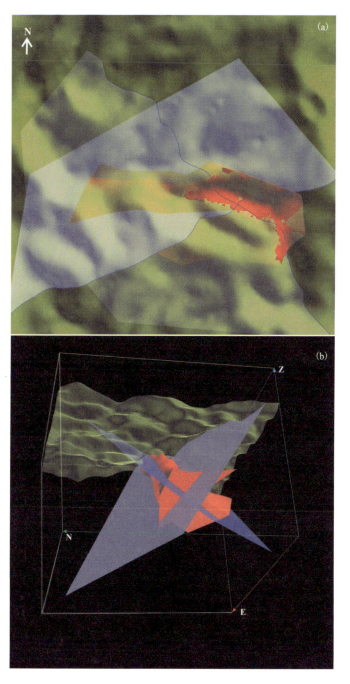

图 4-14 两组断层交叉控制大王顶岩体的示意图
(a)两组控岩断层及岩体的水平投影;(b)三维空间上看两组控岩断层

和 α_2 为不同异常区(以 ν 为界)的分维值。

Afzal 等(2011)将 C - A 模型由二维拓展成三维的 C - V(Concentration - Volume,浓度 - 体积)模型,该模型的一般形式为:

$$\begin{cases} V(\rho) \propto \rho^{-\alpha_1}, \rho \leq \nu \\ V(\rho) \propto \rho^{-\alpha_2}, \rho > \nu \end{cases} \quad (4-2)$$

式中,$V(\rho)$ 为浓度大于或等于 ρ 的空间域的体积;ν 是区分不同矿化区的阈值;α_1 和 α_2 为不同矿化区(以 ν 为界)的分维值。

将 ρ,$V(\rho)$ 投到双对数坐标系中进行线性拟合,由于成矿区地球化学元素的分布往往体现为多重分形,因此在双对数图中通常可以拟合出多条直线,这些直线斜率的负数为各矿化区的分维值,直线的交点则作为区分不同矿化区的阈值。

在 C - V 模型中,计算大于某浓度的矿化域的体积是一个难点。为此,本书通过三维块体模型对矿化空间进行剖分,在此基础上进行克立格插值,获得了研究区 Au 的浓度场分布(图 4 - 15),在此基础上对带属性的块体模型进行统计即可获得大于相应浓度的矿化域的体积。

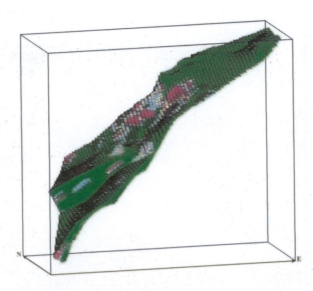

图 4 - 15 克立格插值生成的含 Au 品位的块段模型

将浓度 - 体积的点对投到双对数图中,可以用五条直线来拟合这些点,除了左起第一条直线外,其余拟合直线的 R^2 都大于 0.98。如图 4 - 16 所示,左起第一个交点 ν_1——对应的 Au 品位数据为 0.12 g/t——可作为背景值,是界定矿化的阈值,大于 0.12 g/t 的矿化可分为 4 个不同强度的矿化区。各矿化区分别对应图 4 - 16 中的一条直线,可以用以下表达式来描述其浓度和体积间的分形关系:

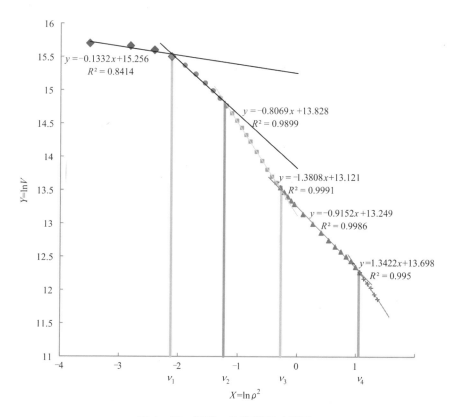

图 4-16 浓度-体积的双对数图

$$V(\rho) = e^{9.259}, \text{当} \rho \leqslant v \quad (\text{无矿化区}) \quad (4-3)$$
$$V(\rho) = e^{6.075} \rho^{-3.313}, \text{当} \rho > v \quad (\text{弱矿化区}) \quad (4-4)$$
$$V(\rho) = e^{4.072} \rho^{-5.951}, \text{当} \rho > v \quad (\text{中等强度矿化区}) \quad (4-5)$$
$$V(\rho) = e^{4.503} \rho^{-4.816}, \text{当} \rho > v \quad (\text{较富矿化区}) \quad (4-6)$$
$$V(\rho) = e^{3.147} \rho^{-10.213}, \text{当} \rho > v \quad (\text{富矿化区}) \quad (4-7)$$

区分不同强度 Au 矿化的阈值见表 4-2。

根据从 C-V 模型中获取的阈值,可在属性模型中将不同强度的矿化区提取出来(图 4-17~图 4-20)。总体上看,Au 元素在斑岩体内的分布是不均匀的。虽然整个斑岩体普遍含矿,但大部分区段的矿化属于弱矿化。富矿化较集中地分布在接触带附近,且接触带上的富矿化分布也是不均匀的,靠近北部的区段比靠近南部的区段 Au 富集程度高,靠近上接触带的区段比靠近下接触带的区段富集程度高。

表 4-2 据 C-V 模型确定的不同 Au 矿化区的阈值和范围

矿化区	阈值/(g·t^{-1})	范围/(g·t^{-1})
围岩		< 0.12
弱矿化区	0.12	0.12 – 0.29
中等矿化区	0.29	0.29 – 0.76
较富矿化区	0.76	0.76 – 2.86
富矿化区	2.86	>2.86

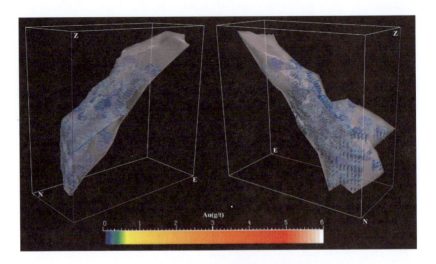

图 4-17 斑岩体内弱矿化区分布图

(N×E×Z = 300 m×700 m×680 m；图 4-18～图 4-20 同此尺寸)

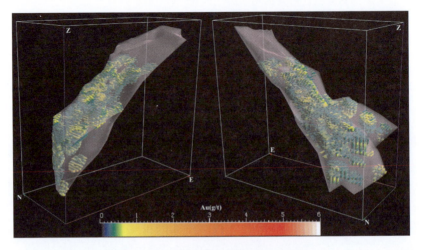

图 4-18 斑岩体内中等矿化区分布图

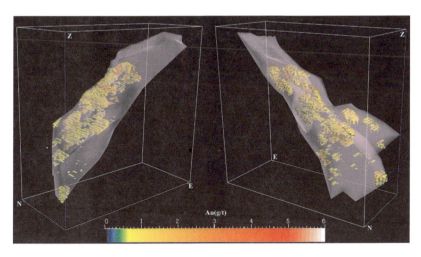

图 4-19　斑岩体内较富矿化区分布图

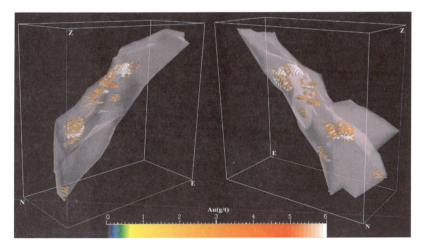

图 4-20　斑岩体内富矿化区分布图

4.2.2　Au 元素分布的多重分形

为了更准确地反映这种不均匀矿化,作者应用多重分形方法来定量地描述成矿元素的富集分布特征。本书在 2.3.3 节中介绍了多重分形的一些重要参数的定义,本章采用的奇异性指数 α 和多重分形谱 $f(\alpha)$ 来刻画多重分形集内部精细结构。在实际应用中,计算多重分形谱的最主要的方法是 Halsey 等(1986)提出的矩方法,本章选取了斑岩体内 4 条勘探线上的金元素品位进行多重分形计算,计算过程包括以下几个步骤:

(1)定义分形子集上的 q 阶配分函数：

$$\chi_q(\varepsilon) = \sum_{i=1}^{n} P_i^q \quad (4-8)$$

其中 P_i 可以通过下式确定：

$$P_i(\varepsilon) = \frac{N_i(\varepsilon)}{\sum_{i=1}^{n} N_i(\varepsilon)} \quad (4-9)$$

$N_i(\varepsilon)$ 为尺度为 ε 的第 i 个子集上的元素品位个数。

(2)将 $\chi_q(\varepsilon)$ 和 ε 投到双对数坐标系中[图4-21(a)]，如果点对可以用直线拟合，说明存在幂律关系：

$$\chi_q(\varepsilon) \propto \varepsilon^{\tau(q)} \quad (4-10)$$

式中，$\tau(q)$ 被称为质量指数，可以通过拟合直线的斜率求得。$\tau(q)$ 是关于 q 的单

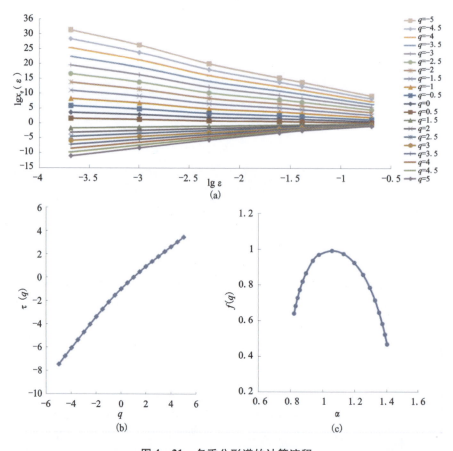

图4-21 多重分形谱的计算流程

(a)配分函数-尺度双对数图；(b)质量指数-阶数关系图；(c)多重分形谱曲线

调递增函数[图4-21(b)]。

(3)通过Legendre变换得到$\alpha(q)$和$f(\alpha)$的计算式(Evertsz and Mandelbrot,1992):

$$\alpha(q) = \frac{d\tau(q)}{dq} \quad (4-11)$$

$$f(\alpha) = q\alpha(q) - \tau(q) \quad (4-12)$$

$f(\alpha)-\alpha$的函数图形即为多重分形谱曲线[图4-21(c)],一般呈倒钟状。

多重分形谱曲线反映了多重分形分析中的一些重要参量的特征(图4-22):α_{min}、$f(\alpha_{min})$表征了元素浓度分布中含量高的区域的特征,对应地,α_{max}、$f(\alpha_{max})$则刻画了低含量区域的特征。多重分形谱两端的高差$\Delta f = f(\alpha_{min}) - f(\alpha_{max})$可以反映不同分形子集的数目的差别:当$\Delta f < 0$时,多重分形谱呈左钩状,高含量区域的数目大于低含量区域的数目,数据集中高值子集占主导地位;当$\Delta f > 0$时,多重分形谱呈右钩状,此时低含量区域数据居多,数据集以低值子集为主;当$\Delta f = 0$时,多重分形谱呈对称的倒钟状,此时高值和低值的分布区域数目接近。多重分形谱宽$\Delta \alpha = (\alpha_{max}) - (\alpha_{min})$,描述了多重分形集内部的差异性程度,$\Delta \alpha$越大,则分形集内部差异越大,元素浓度的分布由均匀(随机、分散)变为不均匀(有序、复杂、聚集)的趋势越明显。

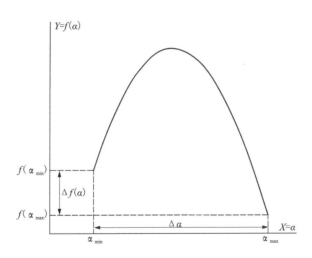

图4-22 典型多重分形谱图形及参数

研究区内4条勘探线的多重分形谱展现出了不同的形状特征,对其中蕴含的意义可作如下解读:

(1)47线的多重分形谱图形呈右钩状,31线和39线的分形谱图形成近乎对称的倒钟状,只有27线的分形谱图形呈左钩状(图4-23)。比较不同勘探线的

谱宽 $\Delta\alpha$，27 线最大，31 线和 39 线次之，47 线最小（图 4-23，表 4-3）。

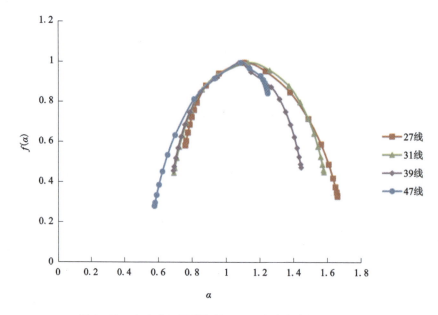

图 4-23　斑岩内不同勘探线 Au 品位分布的多重分形谱

表 4-3　不同勘探线 Au 品位分布的多重分形参数

勘探线	$\Delta\alpha$	Δf
27 线	0.9	-0.254
31 线	0.88	0.005
39 线	0.76	0.017
47 线	0.67	0.564

(2) 27 线的 $\Delta f < 0$，说明高品位区域占主导地位，且 $\Delta\alpha$ 最大，表明 27 线金元素分布的奇异性最大，高品位元素聚集分布；31 线的 $\Delta f \approx 0$，高品位区域与低品位区域数目相当，其谱宽 $\Delta\alpha$ 仅小于 27 线，因此也表现出元素富集的趋势；39 线 $\Delta f > 0$，但值很小，低品位区域数多于高品位区域数，$\Delta\alpha$ 也小于 27 线和 31 线，因此矿化富集不明显；47 线的 $\Delta f > 0$，低品位区域占主导地位，且 $\Delta\alpha$ 最小，因此矿化富集程度最弱。结合 C-V 模型得到的矿化区分布可以看出，多重分形谱的参数准确地反映了不同勘探线矿化分布和富集的特征（图 4-24）。

(3) 从勘探线的矿化富集趋势来看，越往东，越接近岩体的头部，矿化富集越明显（图 4-24）。因此，27 线以东很有可能存在富矿带，图 4-23 中显示的 27

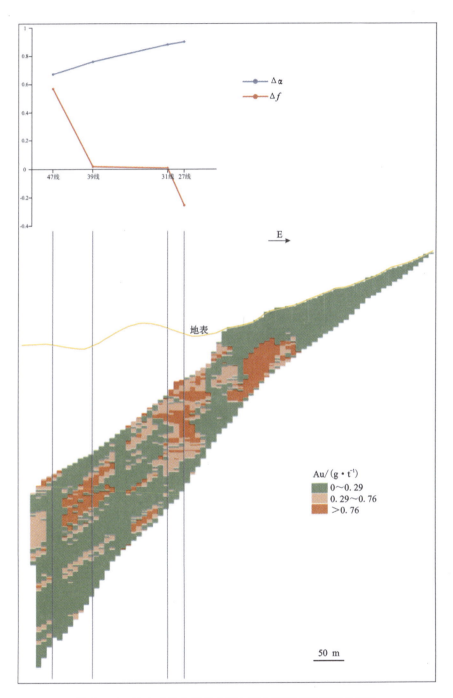

图 4-24 结合矿化空间分布看多重分形谱参数的变化趋势

线以东绿色的弱矿化区只是因为这些区段缺少勘查数据，无法进行有效地插值，实际上，该处的坑道采样都具有较高的品位（27线以东的红色富矿化区）。这个区段存在良好的找矿潜力。

5 大王顶矿床的成矿动力学模拟

5.1 成矿动力学模拟的前处理

一般来说,在进行动力学数值模拟之前,需要进行三方面的前处理工作:①构建模型的有限差分网格,用以覆盖整个待求解的物理区域;②定义本构关系、赋予材料参数,从而限定模型对外界扰动做出响应的规律和程度;③定义边界条件和初始条件,由此获得模型的初始状态。

1)有限差分网格

可用于 FLAC3D 计算的有限差分模型从数据模型上说属于体元模型,只是这种模型较一般的体元模型具有更严格的拓扑结构要求。FLAC3D 本身具备建模模块,但建模能力较弱,只能生成简单规则的几何形体,无法用来模拟复杂的地质体(孙涛等,2011;Liu et al., 2012)。

本书在 GoCAD 形态模型的基础上进行实体剖分,生成四面体模型,再通过接口程序将 GoCAD 里的实体模型转换成能被 FLAC3D 接受的格式。这种动力学模型的构建方法可以建立非常贴近地质体实际形态的模型,同时模型的精度和拓扑结构也能满足数值模拟的要求,已经成功地应用于多个矿床的数值模拟中(Liu et al., 2010, 2012;赵义来和刘亮明,2011)。

用于此次模拟的模型包含两个岩性单元[图 5-1(a)]:砂岩和花岗斑岩(包括大王顶岩体和黄金坡岩体),在用实测数据建立模型的基础上恢复现代地表之上被剥蚀掉的地层,同时将岩体及地层向深部延伸。最终模型的大小为 $X \times Y \times Z = 1500 \text{ m} \times 1500 \text{ m} \times 1500 \text{ m}$,共包含 113028 个四面体单元[图 5-1(b)]。

2)本构关系与材料参数

选用摩尔-库伦模型作为岩石的本构模型。各岩石单元的力学、流体和热参数见表 5-1,选择这些参数主要考虑了以下两点(刘亮明等,2010):①根据岩石的类型、成分和结构构造特征参阅相关岩石物理性质手册(Schön,1998)和 FLAC 软件使用手册(Itasca Consulting Group, Inc., 2005),确定参数的取值范围;②选用不同的模拟参数进行模拟实验,将模拟结果与真实地质状况进行对比,选择其中最合理的一套参数。显然,通过目前的技术手段不可能获得成矿历史时期岩石的各项物理参数的真实值,表 5-1 的值只是最合理的经验值。

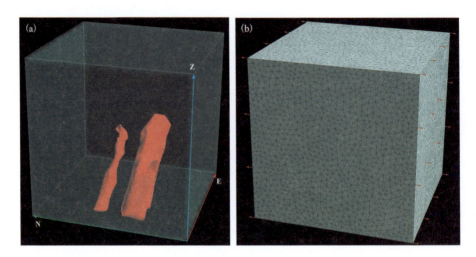

图 5-1　有限差分网格模型的岩石单元组成(a)和边界条件(b)

表 5-1　大王顶矿床动力学模型的岩石物性参数

岩石单元	密度/ (kg·m^{-3})	体积模量/ (10^{10} Pa)	剪切模量/ (10^{10} Pa)	粘聚力/ (10^6 Pa)	抗张强度/ (10^6 Pa)	内摩 擦角	扩容 角	导热系数/ (W·m^{-1}·K^{-1})
花岗斑岩	2550	2	2.9	2	1	25	3	2
砂岩	2600	3	5	5	2.5	30	4	2.2

3)边界条件和初始条件

对模型边界条件和初始条件的定义主要根据实际地质条件、相关测试结果进行合理地推断和设定：

(1)综合区域地质研究的成果(见 3.1 节)表明，本矿床主要成矿作用应发生于印支期，此时区域地壳处于由逆冲向伸展的松弛期，成矿的构造环境应该是引张的。区域应力场的最大引张方向应和矿区主要控矿构造的走向(EW 向)垂直。因此，为了模拟区域引张应力场，在与 Y 轴垂直的模型边界上施加一个与 Y 轴平行(NS 向)的背离模型中心的初始速度[图 5-1(b)]。

(2)地球化学测试结果表明，主成矿阶段的成矿温度在 210～360℃ 之间(张恒兴，1988)，岩体的初始温度要高于这个温度区间并随着模拟的进行逐渐冷却，设定为 450℃。而围岩的温度则从保持常温 25℃ 的地表向下以 30℃/km 的地温梯度递增，并以此进行赋值。

(3)砂岩中的初始孔隙压力设为静水压力，由于岩浆侵入时的出溶作用和流体受热膨胀等因素会引起流体超压，因此将岩体孔隙压力设为 1.3 倍静水压力。

5.2 模拟结果与分析

当模型水平拉伸 1% 时停止计算,对模拟的结果进行分析:

(1)模拟开始前整个岩体的温度都为 450℃[图 5-2(a)],模拟开始后相对热的岩体向相对冷的围岩进行传热,这个过程中岩体不断冷却,到模拟结束时岩体外表面上的温度分布已经变得非常不均匀[图 5-2(b)]。至少有两种因素对这种复杂的温度分布起到了控制作用:首先,由于围岩存在温度梯度,浅部围岩比深部围岩初始温度更低,这种温度差异肯定会影响岩体热传递的效率,因此,浅部岩体表面的温度普遍低于深部岩体;再者,岩体的形态对传热过程也有重大的影响,几何形态复杂的部位比那些产状平缓的部位具有低得多的温度,这种差异很明显地体现在了大王顶岩体和比它更小且形态更复杂的黄金坡岩体在相同标高处的温度对比上[图 5-2(b)],因此,相比于围岩的温度梯度,岩体形态对传热的控制作用更加显著。在力-热-流的耦合动力机制中,温度对岩石的流体和力学行为的影响在于它可以引起流体和固体介质的热膨胀,从而增大孔隙压力和有效应力。因此,温度在岩体中的这种不均匀分布会造成不同部位物理条件的差异,进而影响成矿系统的流体和力学响应,这是耦合成矿过程的一种重要的内部驱动机制。

(2)在引张应力、流体超压、流-固热膨胀等多种因素的共同作用下,模型整体呈现出正的体积应变(扩容),扩容较强的区域集中分布在斑岩体内(图 5-3)。体积应变在岩体内部的分布是不均匀的[图 5-3(b)、(c)、(d)]:从剖面 Ⅰ 可见,强扩容区(体积应变≥1.75%)主要分布在上接触带附近,而且越往岩体的头部强扩容区越聚集[图 5-3(b)];从剖面 Ⅱ、Ⅲ 来看,大王顶岩体的强扩容区主要分布在岩体上接触带的北部,而黄金坡岩体的强扩容区偏向岩体的南侧[图 5-3(c)、(d)],强扩容区的分布规律与分形和属性模型揭示的金元素的富集分布规律是一致的(比较图 5-3 和图 4-20)。为了定量地描述这种不均匀的分布模式并与空间模拟结果进行对比,在大王顶岩体内等距定义三条剖面,其 X 坐标分别为 700、950、1200(图 5-4),分别提取各剖面的体积应变值,进行多种分形谱的计算。计算结果显示由西向东,$\Delta\alpha$ 变大而 Δf 变小,表明了体积应变分布的奇异性逐渐变大,强扩容区域更加聚集(图 5-4)。体积应变分布的这种变化趋势与金元素的分布富集形式完全一致(比较图 5-4 和图 4-24)。据此分析,动力学模拟产出的体积应变的分布模式与空间模拟揭示的大王顶矿床金元素的分布模式是高度一致的,由耦合动力机制引起的强扩容变形直接制约了金元素在空间上的富集分布。

(3)为了探究扩容变形对成矿的控制机制,本书在不同位置选出四个单元,分别位于岩体上接触带(a)、下接触带(b)、斑岩内部(c)和砂岩中(d),对模拟

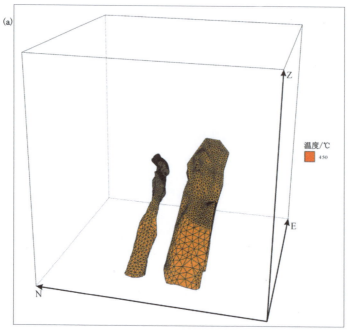

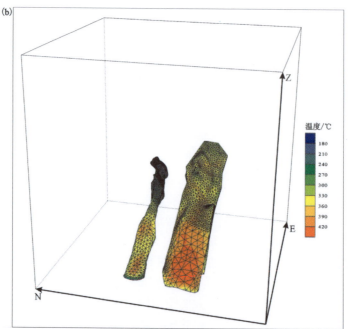

图5-2 模拟开始前(a)和模拟结束后(b)斑岩体表面的温度分布
($N \times E \times Z = 1500 \text{ m} \times 1500 \text{ m} \times 1500 \text{ m}$;本节其余立体图同此尺寸)

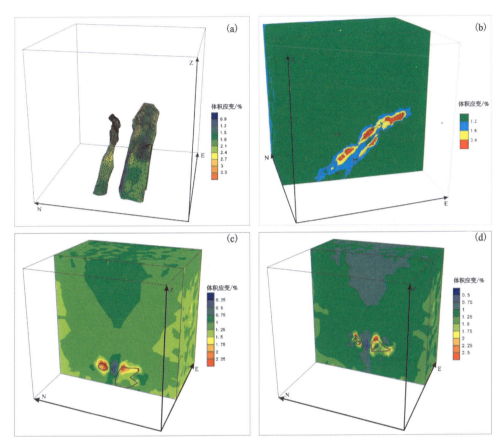

图 5-3 动力学模拟输出的模型体积应变分布（剖面上黑色圈闭线为岩体边界）
(a) 岩体接触带上的分布；(b) 剖面 Ⅰ 上的分布；(c) 剖面 Ⅱ 上的分布；(d) 剖面 Ⅲ 上的分布

过程中各单位的流体孔压和体积应变进行了监视和记录。从图 5-5 中可以看出，孔压和体积应变的变化都是非线性的，总体上随着模拟的进行，各单元的体积应变逐渐增大而孔压逐渐减小，其中围岩中的单元 d 的体积应变和孔压的变化最小，而斑岩体内的三个单元有着相同的初始条件，但单元 a 不管是扩容还是孔压的减小都远比 b、c 显著（图 5-5）。扩容和流体减压对成矿具有非常重要的影响：扩容最直接的效应就是增加岩石的孔隙度和渗透率，而减压则会造成局部的流体势差，这些因素都会导致不同来源的成矿流体向特定部位汇聚；而流体减压沸腾引起的相分离及金属溶解度的降低则是矿石沉淀的重要机制。因此，扩容和流体减压最强烈的部位往往是成矿最有利的位置。这也就解释了为什么扩容变形与矿化富集的分布模式如此一致，而岩体上接触带北侧包含了本矿床大部分富矿

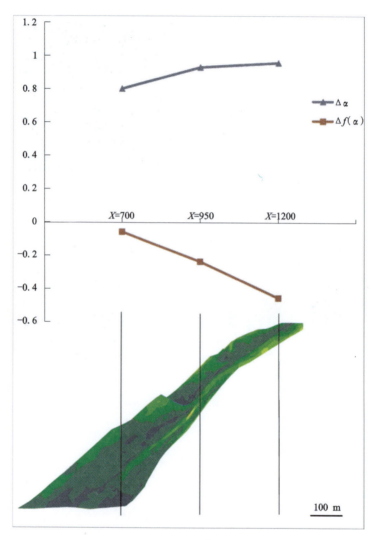

图 5-4 斑岩体内不同剖面上体积应变分布的多重分形特征

体可归因于那里发生了最强烈的扩容变形(图 5-3)。

(4)既然强扩容变形对成矿有着举足轻重的作用,那这种扩容本身又是由什么因素引起的呢?为了弄清这一点,对模型单元的力学状态进行监测,发现在模拟开始后不久的 t_0 时刻,沿着上接触带发生了大规模的张性破裂[图 5-6(a)]。显然,这种张性破裂会直接引起体积应变的大幅度增加,并伴随着孔隙压力的大幅度下降,因此上接触带单元 a 的扩容和流体减压幅度会远大于其他位置的单元。由于 t_0 以前流体的压力一直在下降[图 5-6(b)],因此这种张性破裂不可能

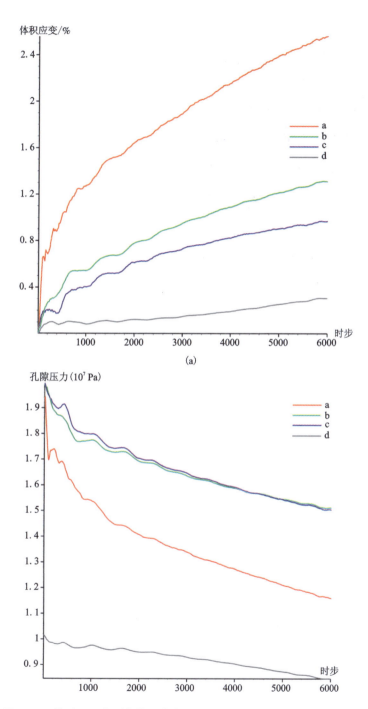

图5-5 模型不同监测点体积应变(a)和流体孔隙压力(b)的时间演变

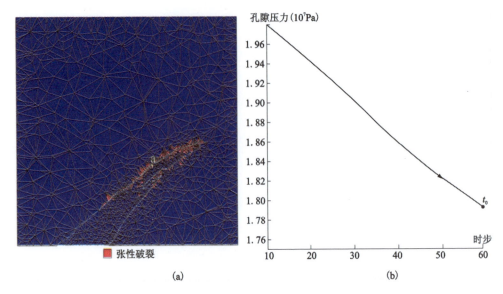

图 5-6 t_0 时刻的模型单元状态(a)和监测点的流体孔隙压力(b)

是流体超压引起的水压致裂,而应该是由区域引张应力场造成的。为了验证这一点,本书实行了另一套模拟方案:不施加初始的引张应力条件,其他模拟条件和参数保持不变,运行与原模拟方案相同的时步。模拟结果显示虽然大部分扩容较强的区域依然分布在岩体的上接触带,但却集中于大王顶岩体的南侧,而且岩体的整体扩容强度要弱于原方案(图5-7)。显然,缺少引张应力条件的耦合动力学过程是无法产生与实际矿化分布模式相符的体积应变分布的。

5.3 成矿过程的 R/S 分析

在地质分析中,有关时间演化的分析研究比较少,这是由于地质过程的巨大时间跨度和不可再现性使得有关时间序列的数据很难获取。而成矿动力学模拟为这种研究提供了可能:既然模拟的结果证明了数值模拟的过程与真实的地质过程有相当程度的相似度,那么,模拟过程产生的基于时间序列的数据就可以用于成矿过程时间演化的研究分析。

本书选择将体积应变的 $\Delta \alpha$ 作为时间序列分析的研究对象,这是因为:①前文已论述了扩容在成矿过程中的关键性作用,但单纯的体积应变值并不能反映成矿过程的非线性特征;②$\Delta \alpha$ 作为多重分形理论中的核心参数,可以反映相关变量在地质过程中非线性变化的特性,而成矿过程某一个时刻的体积应变的 $\Delta \alpha$ 反映了该时刻岩石状态(扩容或缩容)的空间分布特征。

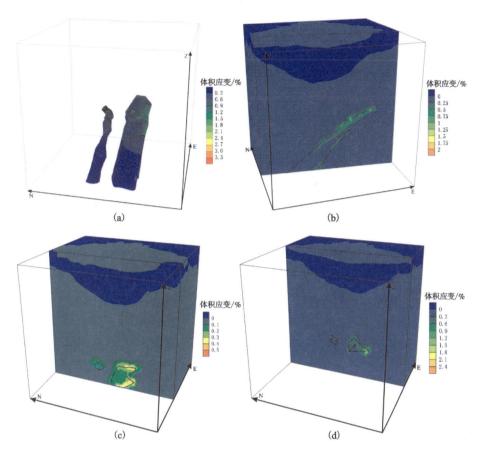

图 5-7 无速度边界条件下模型输出的体积应变分布(剖面上黑色圈闭线为岩体边界)
(a)岩体接触带上的分布;(b)剖面Ⅰ上的分布;(c)剖面Ⅱ上的分布;(d)剖面Ⅲ上的分布

将模型每运行 1000 时步(模拟总时长的 1/60)暂停,提取岩体内的体积应变,计算多重分形谱,得到体积应变 $\Delta\alpha$ 的时序图(图 5-8)。

对体积应变 $\Delta\alpha$ 的时间序列进行 R/S 分析(分析方法和过程见 2.3.4 节),对分析结果及其蕴含的成矿动力学意义可以作如下解读:

(1)从图 5-9 中可以看出,$(R/S)_n$ 与 n 在 $\ln-\ln$ 图中显示了非常良好的线性关系($R^2>0.99$),Hurst 指数 H 为 0.823;在 V 统计量和 n 的 $\ln-\ln$ 图中,明显的断点出现在 $n=15000$ 处(图 5-10)。

(2)Hurst 指数大于 0.5,这说明体积应变 $\Delta\alpha$ 随时间的变化过程具有长程相关性和持久性,未来的增量与过去的增量是正相关的。从混沌动力学的角度来看,具有持久性的时间过程存在长期记忆性,即对初始条件具有敏感性依赖,过

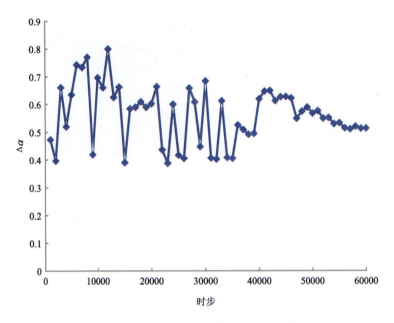

图 5-8　模拟过程中斑岩体内体积应变 $\Delta\alpha$ 的时序图

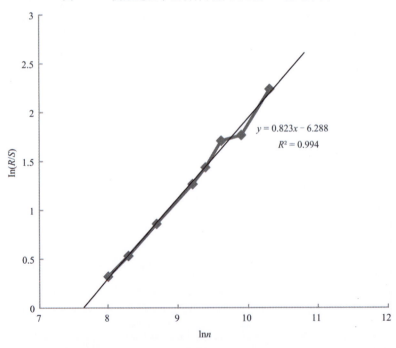

图 5-9　$(R/S)_n$ 与 n 的双对数图

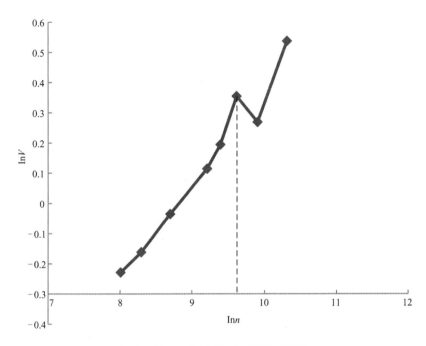

图 5-10　统计量 V 与 n 的双对数图

去的某一时刻变化总是会影响未来一定时间范围内的变化。从 V 统计量的计算中得出体积应变 $\Delta\alpha$ 的时序过程的平均循环长度是 15000 时步（1/4 个模拟时长），即当前的 $\Delta\alpha$ 可以影响 15000 时步后 $\Delta\alpha$ 的变化，而超过这个长度，序列的长期记忆性就会消失。这种非稳定性（没有固定周期）的持续循环过程预示着即使在成矿驱动力保持不变的前提下，初始状态对模型的直接影响在 1/4 个模拟时长之后也会消失殆尽，因此，初始的增量也可能在未来变为减量，但这种增减趋势在长期变化过程中呈现正相关的持久性，并通过不同时步状态的递进叠加最终导致成矿。这种动力学规律具有多种宏观机制的体现，比如岩石的破碎和愈合，可以在一个成矿阶段内非周期性地多次上演，但总体上看这种反复变化是朝着对成矿有利的方向（扩容－流体汇聚）持续发展的，这种时序行为规律正是矿床形成过程的一种真实写照。

（3）体积应变 $\Delta\alpha$ 的时序行为特征既不是线性的，也不是完全随机的，需要用自仿射分形来描述，其分维数 $D = 2 - H = 1.177$。为什么成矿模拟会产生分形过程，或者更进一步，成矿过程中非线性行为产生的根本原因是什么？我们知道，大多数分形图形都可以通过简单的迭代进行绘制，即确定一个线性变换准则（作用规律），对原始图形进行变换，在第一次变换结果的基础上进行下一次变换

(简单反馈),如此反复(如 Koch 曲线的生成,参见图 2-6)。成矿动力学过程有着与之类似的原理,但有两点不同之处:①其作用规律(力学-流体流动-热传导的各种定律)往往不是简单的线性关系;②复杂的反馈机制(力-热-流耦合作用-反馈)代替了简单的迭代。因此,动力学过程会产生比分形几何图形不规则得多的时间和空间形态,但从本质上来说,这种复杂时空形态的生成机制与分形并无不同。成矿系统复杂的空间-时间分布正是这种非线性作用-反馈机制的产物,而这种复杂时空分布可以用分形来描述。

6 车户沟矿床的计算模拟

6.1 区域地质背景及矿床地质特征

6.1.1 区域地质背景

车户沟钼铜矿位于内蒙古赤峰市西北 56 km 处，大地构造位置为华北克拉通向温都尔庙加里东增生带过渡的地段（图 6-1），是西拉沐伦成矿带上的一个典型矿床。

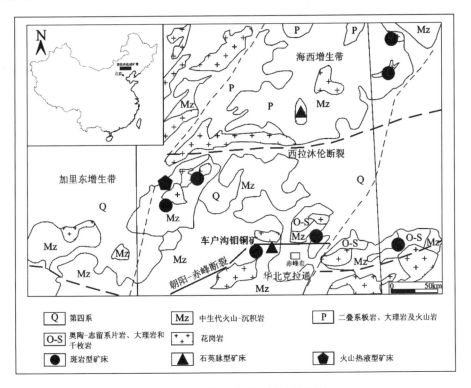

图 6-1 西拉沐伦成矿带地质简图

[据曾庆栋等（2009）修改]

西拉沐伦成矿带是近年来在华北克拉通北缘发现的一个以钼矿化为主的多金属大型成矿带，地处西伯利亚板块与华北板块的接合部位，夹在东西走向的朝阳-赤峰断裂和西拉沐伦断裂之间（图 6-1），从南到北囊括了华北克拉通北缘的早古生代增生带和大兴安岭南段的海西期增生带(图6-1)。

西拉沐伦成矿带位于 NNE 向中-新生代滨西太平洋构造-成矿域和 EW 向古生代古亚洲构造-成矿域强烈叠加-复合-转换的部位。区域地壳经历了多次构造-热事件,主要包括海西期、印支期和燕山期的岩浆作用,中生代的中亚造山带后期的局部伸展、古太平洋板块的向西俯冲、蒙古-鄂霍次克的碰撞造山运动等(张连昌等,2010)。

西拉沐伦成矿带出露的岩性单元以西拉沐伦断裂为界,以北主要为中生代火山-沉积岩系,以南包括太古宙变质岩,奥陶-志留系片岩、大理岩和千枚岩、二叠系板岩、大理岩及火山岩。区内发育有大量与钼铜矿化在时间和空间上关系密切的花岗质系列侵入岩,主要的岩石类型包括花岗岩、花岗斑岩、正长斑岩、花岗闪长岩、霏细斑岩等。花岗岩浆活动主要集中在中生代,可细分为三个期次:早中三叠世、晚侏罗世及早白垩世,三期花岗岩浆的侵入活动对应了成矿带内的三期矿化作用。但这三期成岩成矿作用发生在不同的构造-地球动力环境中:第一期成岩成矿作用发生在古亚洲洋闭合的同碰撞至后碰撞构造环境下;第二期成岩成矿作用形成于古太平洋板块向西俯冲的环境中;第三期成岩成矿作用则处于中国东部岩石圈减薄的大环境中(曾庆栋等,2009,2011)。

成矿带内的主要构造是东西走向的西拉沐伦断裂和朝阳-赤峰断裂,以及北东向的嫩江断裂和大兴安岭断裂(图6-1),其中西拉沐伦断裂是华北板块与古蒙古洋板块最终缝合线的位置,朝阳-赤峰断裂是华北克拉通与温都尔庙加里东增生带的分界线,嫩江断裂和大兴安岭断裂则叠加于前两者之上。这些断裂联合控制了本区中生代花岗岩的侵位和钼铜多金属矿床、矿带的空间分布(曾庆栋等,2011)。

6.1.2 矿床地质特征

1)矿区地质概况

矿区主要出露的地层为太古界变质岩、侏罗系凝灰岩-流纹岩和第四系,其中太古界变质岩主要包括黑云角闪斜长片麻岩、大理岩、混合花岗岩和片岩(图6-2)。具体的岩性分布及描述见表6-1。

矿区岩浆岩主要为花岗斑岩、二长花岗岩、正长花岗岩、正长花岗斑岩。其中与成矿关系密切的花岗斑岩分布在矿区北部及中部,呈不规则的岩株岩枝出露,出露面积约 1.6 km^2(图6-2)。矿区发育有范围很广的隐爆角砾岩,但地表出露面积不大,主要围绕花岗斑岩分布(图6-2)。隐爆角砾岩角砾大小不等(约 $1\sim10 \text{ cm}$),呈棱角状、次棱角状、次圆状分布,成分主要为正长斑岩、花岗岩、花岗斑岩及少量斜长角闪岩。根据其胶结物成分,可将角砾岩划分为:熔浆胶结、热液胶结、凝灰胶结、岩屑胶结角砾岩。这几种类型的角砾岩含矿性差别很大:胶结物为花岗质熔浆或凝灰质成分的角砾岩一般不含矿[图6-3(a)、(b)];

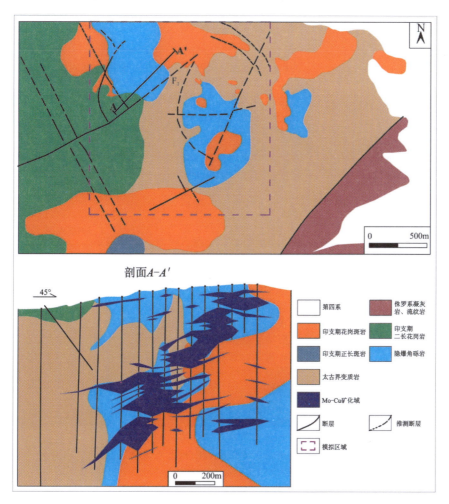

图 6-2　车户沟矿区地表地质图及典型剖面图

[据核工业 243 大队 (2009) 修编]

胶结物为岩屑或晶屑等的角砾岩，含矿性中等，矿石品位不高[图 6-3(c)]；胶结物为气成热液产物或硫化物的角砾岩，辉钼矿、黄铜矿等金属矿物富集，含矿性好，矿石品位高[图 6-3(d)]。

矿区的构造主要为 NE 向、NW 向和弧形三种断层(图 6-2)，从交切关系上看，NE 向断层形成期最晚，截断早期的 NW 向和弧形断层。

矿床蚀变较发育，硅化、黏土化、绢云母化、黄铁矿化与矿化关系密切，其次有绿泥石化、绿帘石化、碳酸盐化、赤铁矿化、叶腊石化等。硅化呈胶结角砾形式或细脉状产出时，矿化较强；以单石英细脉产出时，矿化较弱。

表6-1 车户沟矿区地层表

系	统	组	段	代号	主 要 岩 性	沉积环境	同位素年龄
第四系				Q	冲积：砂砾石、亚砂土及淤泥；冲洪积：砂碎石、砂石、亚砂土等。风成灰黄色亚砂土,柱状节理发育,含灰白色钙质结核。	河床相坡地冲积相风积相	
第三系	中新统	汉诺坝组		N_1h	灰黑、灰绿色致密块状玄武岩,气孔杏仁状玄武岩。	大陆裂谷式基性火山喷发	K—Ar法 11.71Ma*
侏罗系	上统	白音高老组	二段	J_3b^2	灰、灰白、灰黄色流纹质沉集块岩、流纹质角砾凝灰岩、凝灰质砂砾岩、凝灰质含砾砂岩、凝灰质砂岩夹沉凝灰岩等,见有叶肢介化石碎片。成层性较好,砾石多具磨圆,分选性一般。	河湖相沉积盆地	K—Ar法 150.2Ma*
			一段	J_3b^1	灰、灰白色流纹岩、流纹质含角砾岩屑晶屑凝灰岩、流纹质晶屑浆屑熔结凝灰岩夹流纹质火山角砾岩、流纹质含集块岩屑凝灰岩。	陆相火山喷发盆地	
		玛尼吐组		J_3mn	灰、灰紫、紫灰色安山岩、英安岩、安山质含角砾岩屑凝灰岩、含角砾晶屑岩屑凝灰岩,晶屑凝灰岩夹灰色凝灰质含砾砂岩。	陆相火山喷发盆地	K—Ar法 154.9Ma*
		满克头鄂博组		J_3mk	上部：灰、紫灰、灰白色流纹质含角砾岩屑晶屑凝灰岩、流纹质晶屑岩屑凝灰岩、流纹质火山角砾岩夹沉凝灰岩。下部：灰绿、灰色凝灰质含砾砂岩、沉凝灰岩、流纹质含角砾晶屑岩屑凝灰岩夹流纹质晶屑凝灰岩。	陆相火山喷发盆地	
	中统	新民组		J_2x	灰白、灰黄色流纹质含角砾晶屑凝灰岩、流纹质晶屑凝灰岩、凝灰质含砾砂岩、沉凝灰岩、凝灰质粉砂岩夹煤层或煤线。煤层共见有五层,厚0.2~0.5 m,延长大于几十米,可燃性较好。	陆相断陷火山盆地	
太古界		乌拉山岩群		ArW	上部：灰白色大理岩；下部：灰黑、灰绿黑云角闪斜长片麻岩、角闪岩、混合花岗岩、片岩等。	陆核	

资料来源：核工业243大队(2009)

图 6-3 矿区不同类型的角砾岩

(a)熔浆胶结角砾岩；(b)凝灰胶结角砾岩；(c)岩屑胶结角砾岩；(d)热液胶结角砾岩

2) 矿体矿化特征

本矿床的金属矿物主要是辉钼矿、黄铜矿和黄铁矿。根据金属矿物产出的形态来划分，矿化类型至少可细分为4种：(1)角砾状矿化，金属硫化物主要赋存于角砾岩的胶结物中，角砾岩的角砾越小，胶结物含量越多，矿化越富[图 6-4(a)]；(2)浸染状-细脉浸染状矿化，金属硫化物主要赋存于岩浆岩的晶隙和非常细的裂隙中，一般发育于花岗斑岩中，裂隙越密集，矿化越富[图 6-4(b)]；(3)细脉-网脉状矿化，金属硫化物主要赋存于脉幅小于 1 cm 的石英细脉、钾长石英细脉或纯硫化物细脉中，一般细脉产状相对稳定的可延伸比较长的距离，可明显地分为产状不同的两组[图 6-4(c)]，细脉越密集，矿化越富；(4)脉状-团块状矿化，金属硫化物呈脉状或团块状赋存于裂隙中，硫化物团块一般存在于两组裂隙交叉或裂隙产状急剧变化处[图 6-4(d)]，这种矿化一般在走向和倾向上都不会延伸太远，也极少成群产出。

这4种类型的矿化在空间上的分布表现出如下规律性：(1)一般围绕角砾岩分带产出，即角砾状矿化主要产于角砾岩筒中，围绕角砾岩依次产出浸染-细脉浸染状矿化、细脉-网脉状矿化和脉状矿化。(2)4种类型的矿化并不存在截然的边界，相互之间存在穿插交织，即在角砾岩筒中也存在浸染-细脉浸染状矿化、细脉-网脉状矿化(图6-5)，甚至脉状矿化，在网脉状-脉状矿化带中同样存在角砾状矿化(即热液角砾脉)。(3)从小尺度(1 cm～10 cm级)上看，矿化是极不均匀的，但从大尺度(10 m～1000 m级)上看矿化是相对均匀的。

图6-4 矿区不同类型的钼铜矿化
(a)角砾状矿化；(b)浸染状-细脉浸染状矿化；(c)细脉-网脉状矿化；(d)脉状-团块状矿化

图 6-5 角砾状矿化中穿插有网脉状和细脉状矿化

6.2 岩性单元的三维形态模拟

6.2.1 基于钻孔数据的平行剖面法

与大王顶多源数据的建模难题相比,车户沟的勘查数据来源单一,所有建模工作(包括形态模拟和属性模拟)都是围绕钻孔数据来进行。由于本区钻孔基本沿勘探线分布,网度规整,可以方便地沿勘探线剖面进行地质解译,因此本章选用了平行剖面法进行形态建模,这种方法是钻孔建模中最常用的方法(Lemon and Jones, 2003)。但本区形态模拟的难题在于岩浆侵位及伴随的角砾岩化使各类岩性在空间上的分布错综复杂,岩性单元间的边界呈现异常不规则的几何形状,这就对模型的构建和光顺算法提出了很高的要求。本书在 GoCAD 平台上进行形态模拟,用 Delaunay 三角剖分和 DSI 算法来进行 TIN 网格模型的构建和光顺。

矿区形态模拟的源数据来自 191 个钻孔 133253 m 的岩心编录数据,将这些数据录入到 Micromine 的钻孔数据库中(方法与步骤见 4.1.1 节),沿着勘探线剖面对岩性界线进行解译(图 6-6),将解译获得的岩体界线导出作为通用图形交换格式,然后在 GoCAD 平台上进行建模。面模型的构建包括以下几个步骤:①导入岩体界线[图 6-7(a)];②在相邻剖面之间以岩体界线为约束生成 TIN 图形[图 6-7(b)];③合并各剖面间的 TIN,通过 DSI 算法进行曲面光顺[图 6-7(c)];④输出最终面模型[图 6-7(d)]。

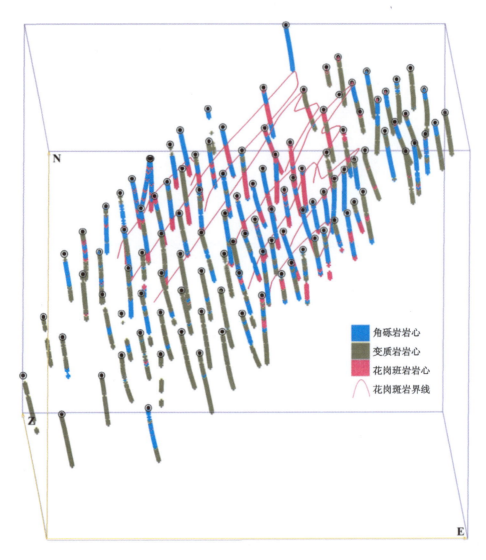

图6-6 沿勘探线剖面进行的岩性解译

6.2.2 斑岩体和角砾岩的空间形态特征

矿区主要有三种岩性,通过形态模拟建立了花岗斑岩和隐爆角砾岩的三维形态模型,其余空间则被变质岩占据。形态模型反映了矿区不同岩性的空间分布规律:

(1)虽然总体上角砾岩是围绕斑岩体分布的,但这种分布在各个方向上是不均匀的。在空间上看角砾岩主要聚集分布在斑岩体的西南[图6-8(a)、(d)],

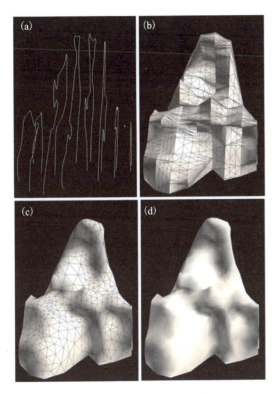

图 6-7 基于 Gocad 平台的曲面模型构建

其余方向只有东面有一小枝角砾岩。这种不均匀性表明了本区的角砾岩化作用有其特殊的动力学机制和条件。

(2) 花岗斑岩体总体呈一个极度不规则的柱体,以一个很陡的角度沿 SW-NE 方向向地表延伸[图 6-8(b)]。从局部看,这种陡倾在 450 m 标高以下和 650 m 标高以上变为近乎直立,但在 450 m 至 650 m 标高间,向外伸出的小岩枝和向内凹进的岩凹造成了几处平缓的部位[图 6-8(b)、(d)]。斑岩体倾角的这种陡缓交替变化可能会制约岩体成矿特别是接触带附近的矿化。

(3) 隐爆角砾岩呈不规则的筒状,从水平面上看,从西北往东南,角砾岩的厚度中间小,两边大,如同一哑铃[图 6-8(a)];从垂向上看,从深部到地表,角砾岩在水平面上的截面积在 450~650 m 标高间骤然大幅度增大[图 6-8(c)、(d)]。角砾岩的形态在靠近斑岩体的部位尤为复杂,与岩体接触的部位随着岩体的形态变化陡缓交替,并向与岩体相反的方向伸出数枝形状各异的岩枝[图 6-8(c)、(d)]。

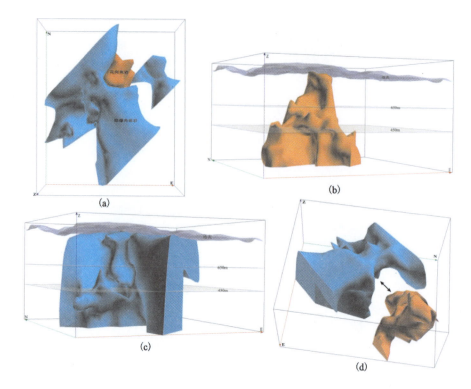

图 6-8 矿区花岗斑岩和角砾岩的三维形态特征和空间关系

($N \times E \times Z = 1770 \text{ m} \times 1730 \text{ m} \times 920 \text{ m}$)

6.3 成矿元素空间分布的分形特征

6.3.1 成矿元素的 C–V 模型及矿化分区

对整个矿化空间进行克立格插值,分别得到 Cu 和 Mo 的属性块体模型(图 6-9)。以不同的品位 ρ_i 为阈值,对带属性的块体模型进行统计,得到大于该阈值的空间体积 $V(\rho_i)$,将 $\rho_i - V(\rho_i)$ 投到双对数坐标系中,进行线性拟合(图 6-10、图 6-11)。

Cu 和 Mo 的分形 C–V 图示中都能拟合出五条直线。去掉最右边的表示背景值的直线,其余各拟合直线反映了不同矿化区浓度与体积间的分形关系:

1) 不同强度的铜矿化区(根据图 6-10)

$$V(\rho) = 10^{9.259}, \text{ 当 } \rho \leqslant v \quad (\text{无矿化区}) \qquad (6-1)$$

$$V(\rho) = 10^{6.075} \rho^{-3.313}, \text{ 当 } \rho > v \quad (\text{弱矿化区}) \qquad (6-2)$$

$$V(\rho) = 10^{4.072} \rho^{-5.951}, \text{ 当 } \rho > v \quad (\text{中等矿化区}) \qquad (6-3)$$

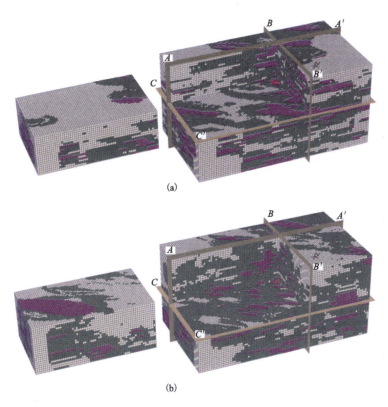

图 6-9 克立格插值生成的含 Cu(a) 和 Mo(b) 品位的块体模型

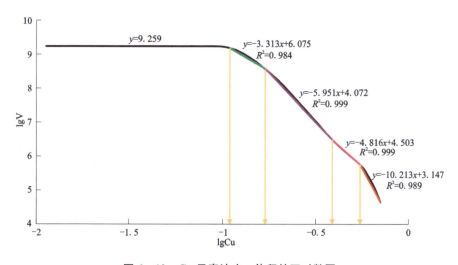

图 6-10 Cu 元素浓度-体积的双对数图

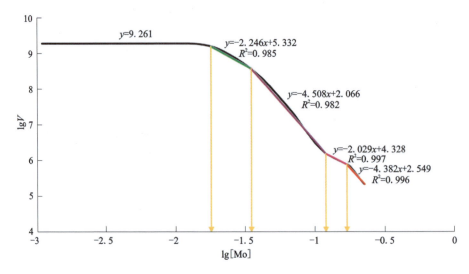

图 6 - 11 Mo 元素浓度 - 体积的双对数图

$$V(\rho) = 10^{4.503} \rho^{-4.816}, 当 \rho > v \quad (较富矿化区) \quad (6-4)$$
$$V(\rho) = 10^{3.147} \rho^{-10.213}, 当 \rho > v \quad (富矿化区) \quad (6-5)$$

(2) 不同强度的钼矿化区(根据图 6 - 11):

$$V(\rho) = 10^{9.261}, 当 \rho \leq v \quad (无矿化区) \quad (6-6)$$
$$V(\rho) = 10^{5.332} \rho^{-2.246}, 当 \rho > v \quad (弱矿化区) \quad (6-7)$$
$$V(\rho) = 10^{2.066} \rho^{-4.508}, 当 \rho > v \quad (中等矿化区) \quad (6-8)$$
$$V(\rho) = 10^{4.328} \rho^{-2.029}, 当 \rho > v \quad (较富矿化区) \quad (6-9)$$
$$V(\rho) = 10^{2.549} \rho^{-4.382}, 当 \rho > v \quad (富矿化区) \quad (6-10)$$

将相邻拟合直线的交点对应的浓度值作为区分不同矿化区的阈值,得到表 6 - 2。

表 6 - 2 根据 C - V 模型确定的不同 Cu - Mo 矿化区的阈值和范围

矿化区	Cu 矿化		Mo 矿化	
	阈值/%	范围/%	阈值/%	范围/%
无矿化区		<0.11		<0.018
弱矿化区	0.11	0.11 - 0.17	0.018	0.018 - 0.035
中等矿化区	0.17	0.17 - 0.39	0.035	0.035 - 0.12
较富矿化区	0.39	0.39 - 0.6	0.12	0.12 - 0.17
富矿化区	0.6	>0.6	0.17	>0.17

根据从 C-V 模型中获得的浓度范围对成矿元素的浓度场进行解读,并结合斑岩体和角砾岩的形态模型(图 6-12~图 6-14),可以查清钼铜矿化的空间分布模式。

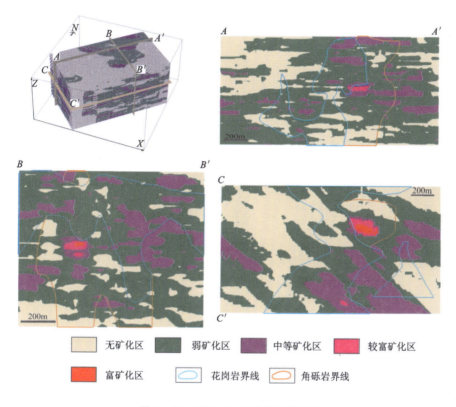

图 6-12 矿区 Cu 元素的矿化分区

Cu 和 Mo 的矿化分布极不均匀,它们的品位在不同岩性中差异很大。两者有着类似的分布模式:无矿化区主要围绕花岗斑岩和角砾岩分布;弱矿化区占据了研究区的大部分空间,在不同岩性中都有分布;中等强度的矿化主要分布在花岗斑岩和角砾岩中,或者从斑岩和角砾岩中向变质岩延伸出一定的距离;高品位的矿化(包括较富矿化区和富矿化区)则位于花岗斑岩中,分布在斑岩与角砾岩接触带上(图 6-12、图 6-13)。

位于花岗斑岩中的富矿化区并不是沿着整个接触带分布,而是位于其中的特殊部位。结合花岗斑岩和角砾岩的形态模型,可以发现这些对成矿特别有利的部位呈一"台阶"状。从西南到东北,这段台阶状的接触带由缓变陡,而后又变缓,富钼矿化和富铜矿化分别分布于台阶变缓的两段(图 6-14)。

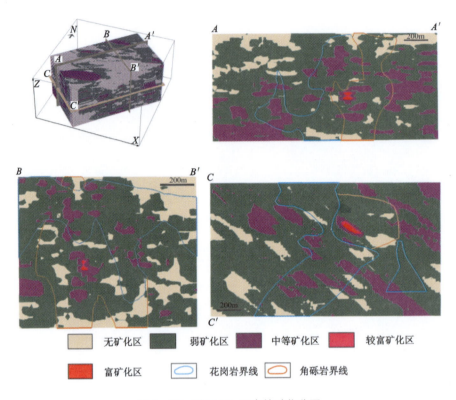

图6-13 矿区Mo元素的矿化分区

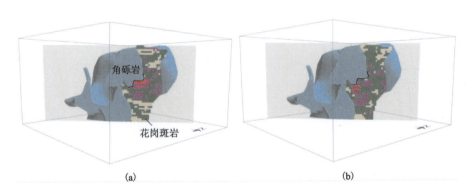

图6-14 富Cu矿化(a)和富Mo矿化(b)在花岗斑岩中的定位

6.3.2 成矿元素空间分布的多重分形特征

C-V模型和属性模型揭示了钼铜矿化与斑岩体及角砾岩之间的密切关系。为了更深入地了解这种关联的实质并寻求一种定量化的工具对其进行精准的描述，本书选取了车户沟 7 条勘探线进行多重分形的计算，并对计算结果（图 6-15、图 6-16，表 6-3）分析如下：

表 6-3 不同勘探线成矿元素分布的多重分形参数

勘探线	Cu		Mo	
	$\Delta\alpha$	$\Delta f(\alpha)$	$\Delta\alpha$	$\Delta f(\alpha)$
8 线	0.83	0.003	0.88	0.224
10 线	0.87	0.119	1.05	0.275
12 线	0.9	-0.023	1.11	0.141
14 线	0.89	-0.057	1.14	-0.118
16 线	0.97	-0.026	1.24	-0.04
18 线	0.71	0.223	0.94	0.226
20 线	0.74	0.12	0.97	0.297

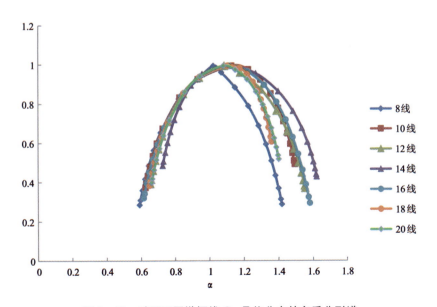

图 6-15 矿区不同勘探线 Cu 品位分布的多重分形谱

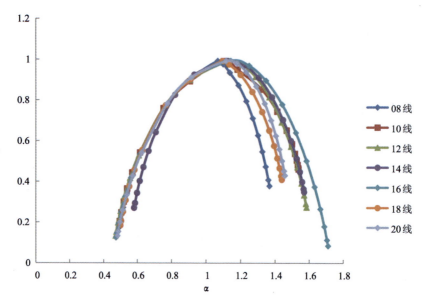

图 6-16　矿区不同勘探线 Mo 品位分布的多重分形谱

（1）不管是 Cu 元素还是 Mo 元素，不同勘探线的多重分形谱都表现出了在图形模式、谱宽、高差等方面的较大差异，体现了成矿元素在空间上的分布是非常不均匀的，这种不均匀性是非线性成矿系统内部结构差异的一种外在表现。

（2）从总体上看，大多数多重分形谱为右钩状，这说明本区的矿化以低品位的弱矿化为主导，高品位区域的分布频数少于低品位区域。

（3）比较不同勘探线的频宽和高差（表 6-3）：在各勘探线 Cu 元素分布的多重分形谱中，14 线和 16 线的 $\Delta f < 0$，并且它们的谱宽 $\Delta \alpha$ 分别为第三大和最大；在 Mo 元素分布的多重分形谱中，14 线、16 线的 $\Delta f < 0$，其谱宽 $\Delta \alpha$ 分别为次大、最大，表明了这些勘探线高品位区域的数目占优势，高品位矿化聚集分布，最有利于形成富矿。12 线 Cu 元素分布的 $\Delta f < 0$，$\Delta \alpha$ 仅小于 16 线，Mo 元素分布的 $\Delta f > 0$，但其值在 $\Delta f > 0$ 的勘探线中最小，且 $\Delta \alpha$ 仅小于 14 线和 16 线，因此 12 线也是富矿化发育的有利位置。

（4）从勘探线的空间位置来看（图 6-17），Cu 和 Mo 的多重分形谱参数表现出了相似的变化模式：从 8 线往东南，$\Delta \alpha$ 逐渐增大，到 16 线时达到最大值，同时 Δf 逐渐变小，从正值变为负值，并在 14-16 线出现最小值；16 线之后，$\Delta \alpha$ 总体变小，同时 Δf 总体变大，再次变为正值。结合斑岩体的空间展布，矿化最好的 12 线至 16 线位于斑岩体的中部，这一区域岩体的空间体积也最大。

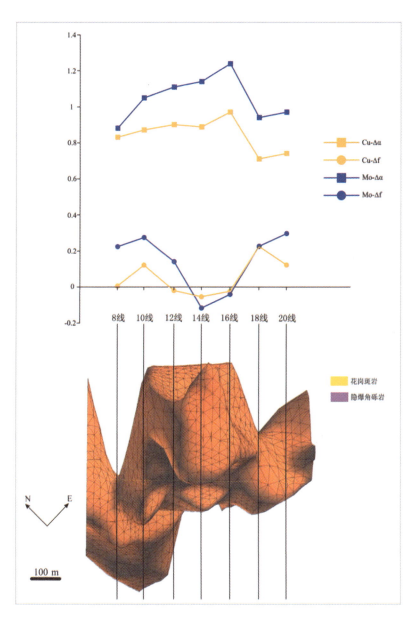

图 6-17 成矿元素分布的多重分形参数的空间变化趋势

6.4 成矿动力学模拟

6.4.1 模型参数和模拟条件

本矿床有限差分网格的构建包括两个步骤：①在 GoCAD 中基于形态模型并通过网格剖分建立实体模型；②利用程序接口将实体模型转换为可被 FLAC3D 所用的有限差分网格模型。在实测数据建立模型的基础上恢复现代地表之上被剥蚀掉的地层，同时将岩体及地层向深部延伸。最终用于计算的模型的尺度为 $X \times Y \times Z = 1500\text{ m} \times 1100\text{ m} \times 1500\text{ m}$，共有 42444 个四面体单元，包括两种岩性单元：花岗斑岩和变质岩[图 6-18(a)]。

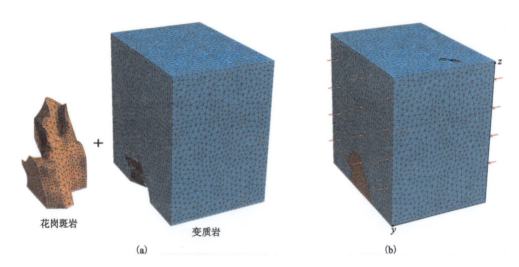

图 6-18 有限差分网格模型的组成(a)和边界条件(b)

模型各岩性单元的物性参数见表 6-4。

表 6-4 车户沟矿床动力学模型的岩石物性参数

岩石单元	密度/ (kg·m^{-3})	体积模量/ (10^{10} Pa)	剪切模量/ (10^{10} Pa)	黏聚力/ (10^6 Pa)	抗张强度/ (10^6 Pa)	内摩 擦角	扩容 角	渗透率/ (10^{-12} m^2)	导热系数/ (W·m^{-1}·K^{-1})
花岗斑岩	2550	2	2.9	2	1	25°	3°	20	2
变质岩	2650	5	9	6	3	30°	3°	7	1.6

模型的边界条件和初始条件主要依据实际地质条件、相关测试结果进行合理地推断和设定：

(1)流体包裹体测试结果揭示了车户沟矿床成矿流体的 CO_2 含量明显高于一般的斑岩型矿床(孟树等,2013),这种特征往往出现在大陆碰撞体制下形成的矿床中(陈衍景等,2007;陈衍景和李诺,2009);年代学研究(Zorin,1999;Zeng et al.,2012;孟树等,2013)表明本矿床形成于印支期,是亚洲洋闭合后碰撞造山的产物,此时区域的地壳处于挤压的应力环境下。因此,为了模拟区域挤压应力场,在与 Y 轴垂直的模型边界上施加与 Y 轴平行的指向模型中心的初始速度[图6-18(b)]。

(2)为了模拟岩体的冷却过程,将岩体的初始温度设为高温,而围岩的温度则从常温25℃的地表向下以 30 ℃/km 的地温梯度进行增温赋值。由于本矿床成矿流体的均一温度范围为 120~400℃(孟树等,2013),岩体的初始温度要大于这个范围,设定为550℃,并随模拟进程冷却。

(3)角砾岩的广泛发育指示了成矿时流体的高压,一般这个压力会接近或超过静岩压力(Jebrak,1997;池国祥和薛春纪,2011;Ingebritsen and Appold,2012);因而将岩体中的初始孔隙压力设为静岩压力。

6.4.2 模拟结果及其对成矿的指示意义

当模型水平缩短1%时停止计算。对模拟的结果进行分析:

(1)强扩容区域(体应变≥1%)主要围绕斑岩体分布,但这种分布在各个方向上是不均匀的,这种不均匀分布和角砾岩的不均匀分布在空间上具有一致性。分别对比图6-19和图6-12、6-13的相同方位剖面,可以看出强扩容空间分布的区段正好对应大面积角砾岩发育的区域,大部分这样的区域位于岩体的西南方向。基于不同剖面的多重分形分析的结果定量表征了这种扩容变形的聚集趋势(图6-20):总体上从岩体中心到边缘,$\Delta\alpha$ 的值由大变小,$\Delta f(\alpha)$ 的值由小变大,体积应变多重分形谱反映出的这种变化趋势和钼铜元素品位的分布变化是一致的(比较图6-20和图6-17)。显然,体积应变分布与成矿角砾岩及钼铜元素品位分布的这种协调一致表明了力-热-流耦合作用引起的强扩容变形直接制约了本区的角砾岩化及相关的钼铜矿化作用。

(2)强扩容单元的流体孔隙压力与体积应变之间呈现出非常复杂的变化关系。如图6-21所示,模拟的开始阶段,体积逐渐减小而孔隙压力迅速变大,这种此消彼长的关系在 t_1-t_2 期间发生了逆转:在这个阶段,孔隙压力一直保持在一个极高的范围内——大约为初始孔压的5倍,其后在 t_2 这个时间点上沿着接触带发生了大规模的张性破裂(图6-22),之后体积迅速变大而压力迅速减小。由于在这个过程中模型一直处于压缩状态且外部条件始终保持不变,张性破裂以及随后的迅速扩容和快速减压应该是由流体高压导致的水压致裂引发的一系列结果。不管是强烈的扩容还是超压流体的泄压都非常有利于矿石的沉淀和工业矿体的形成,因此,强扩容空间是非常有利于成矿的部位。由于台阶状接触带是模型

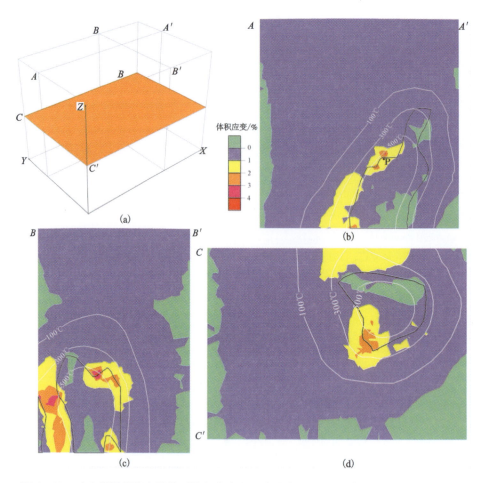

图 6–19 动力学模拟输出的模型体积应变和温度分布（剖面上黑色圈闭线为岩体边界）
(a)模型剖面位置示意图；(b)剖面 AA' 的体积应变和温度分布；
(c)剖面 BB' 的体积应变和温度分布；(d)剖面 CC' 的体积应变和温度分布

扩容最强烈的部位，所以本矿床最富的矿体就分布在这个区段[图 6–19(b)]。

(3)挤压引起的缩容会减小岩石的孔隙度，从而不断提升流体压力直至发生大规模张性破裂(图 6–21)。这种机制有利于本矿床的角砾岩化和钼铜矿化。为了验证这一点，实行另一套模拟方案：不施加初始的速度边界条件，其他模拟条件和参数保持不变。模拟结果显示强扩容变形的分布模式有别于矿化角砾岩的空间分布模式(图 6–23)，因此挤压应力是本矿床的形成过程中不可或缺的因素。

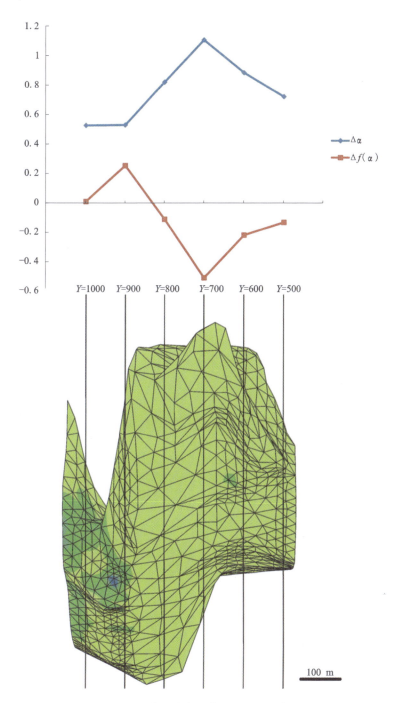

图 6-20 不同剖面上体积应变分布的多重分形参数的变化趋势

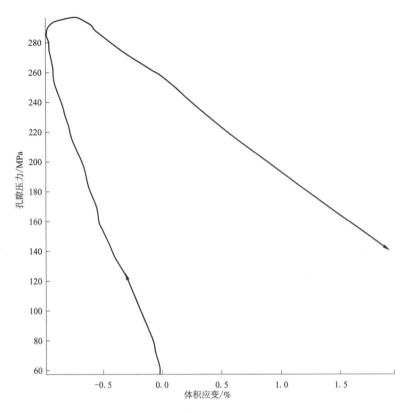

图6-21 强扩容单元流体孔压和体积应变间的变化关系

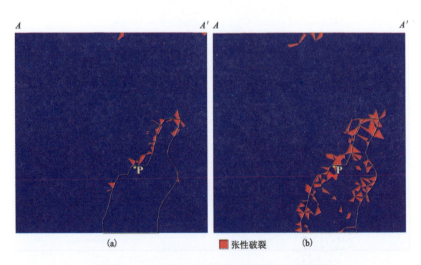

图6-22 t_1(a)和t_2(b)时刻的模型单元状态

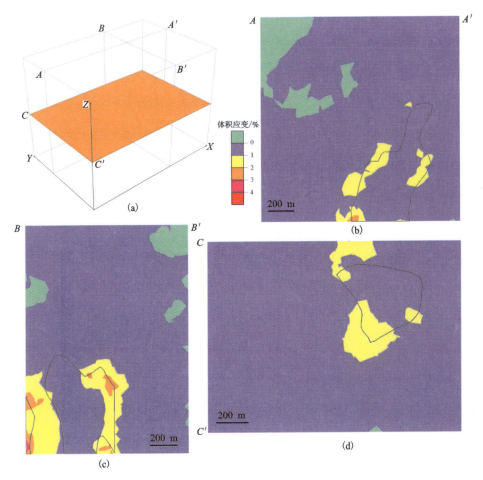

图 6-23 无速度边界条件下模型输出的体积应变分布(剖面上黑色圈闭线为岩体边界)
(a)模型剖面位置示意图;(b)剖面 AA' 的体积应变;
(c)剖面 BB' 的体积应变;(d)剖面 CC' 的体积应变

6.4.3 成矿过程的 R/S 分析

对岩体内体积应变的 $\Delta\alpha$(图 6-24)进行 R/S 分析,对结果进行以下解读:

(1)从 $(R/S)_n$ 和 n 的双对数图上看两者具有非常良好的线性关系($R^2 >$ 0.99),Hurst 指数 H 为 0.922,这个值大于 0.5 且接近 1(图 6-25),说明体积应变 $\Delta\alpha$ 的时序过程具有很强的长程相关性和持久性。用以描述时序过程的自仿射分维数 $D = 2 - H = 1.078$。

(2)在 V 统计量和 n 的双对数图中没有明显的断点(图 6-26),这表明时序过程的平均循环长度超过了本次模拟的总时长,意味着模拟的初始状态对模拟结

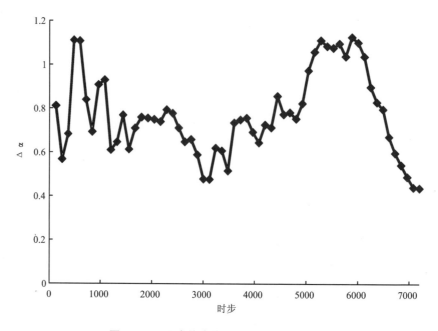

图 6-24 斑岩体内体积应变 $\Delta\alpha$ 的时序图

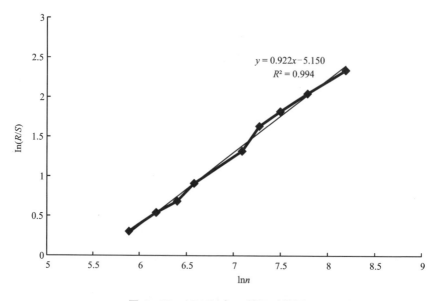

图 6-25 $(R/S)_n$ 与 n 的双对数图

束时的状态(成矿)仍有影响。由于本书的模拟进程是根据模型响应来运行和终止的,如果将以上分析结果还原到真实时间,那就表明这个时序过程是在一个较短的时间内完成的,以至于在模拟时间内还没有来得及完成一次自然序列的循环演化(如本次流体超压发展到下一次流体超压)就结束了。

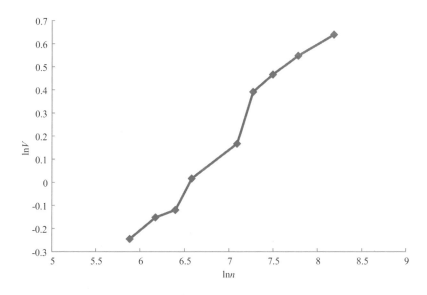

图 6 – 26　统计量 V 与 n 的双对数图

7　讨论与结论

本书将计算模拟用于研究与斑岩有关矿床的复杂性，研究内容主要集中于两个方面：一方面，通过三维建模和分形计算分析刻画了矿床的空间结构，包括用形态模拟表达了成矿斑岩体的复杂空间形态，结合分形计算和属性模拟识别不同矿化区，查清了成矿元素的空间分布规律；另一方面，为了解释这些矿床中元素的空间分布规律，通过动力学数值模拟和时间序列分析揭示了隐藏在复杂时空表象下的非线性机制。通过这些研究，取得了如下结论：

(1)大王顶花岗斑岩体呈一倾斜的不规则棱柱状，其倾向方向长度远大于走向方向长度。大王顶岩体应该是在引张的构造环境下，沿着两组断裂的交叉部位被动侵位的，岩体侵位过程中，又追踪了岩层间的滑脱空间，而层间滑脱空间又与褶皱形态密切相关，从而造就了岩体的复杂形态。

(2)金元素主要富集分布在大王顶岩体上接触带的北侧。成矿动力学模拟解释了这种空间分布规律：耦合动力学机制引起的强扩容变形直接制约了金元素在空间上的富集分布，而岩体上接触带北侧包含了本矿床大部分富矿体可归因于那里发生了最强烈的扩容变形。这种制约关系的动力学原因在于扩容和随之而来的流体减压非常有利于成矿流体汇聚和矿石沉淀。

(3)车户沟矿床的钼铜矿化与斑岩和角砾岩密切相关，矿化角砾岩主要聚集分布在花岗斑岩体的西南，富钼铜矿化部位聚集分布在斑岩与角砾岩台阶状接触带产状平缓的部位。强扩容变形是控制本矿床的角砾岩化及相关的钼铜矿化的关键因素，这种强扩容变形的本质是流体超压引起的水压致裂。

(4)不同构造环境制约了斑岩的成矿作用：①引张和挤压应力场会引发不同的成矿动力学过程。在引张应力作用下，沿着接触带会很快地发生张性破裂，引起强扩容和流体减压，这种环境下流体压力不可能达到很高；在挤压应力的作用下，岩石首先发生缩容，引起孔隙度减小从而不断提升流体压力，这种流体超压累积到一定程度就会引发水压致裂，造成强烈扩容和流体迅速减压。②在不同的成矿驱动力作用下成矿系统表现出不同的非线性时序行为特征。反映成矿非线性过程的变量随时间的变化都具有长程相关性和持久性，存在对初始条件敏感依赖的长期记忆性。当成矿驱动力主要为引张应力时，对成矿有利的时序状态(扩容和流体减压)会很快出现并逐渐演化为迟滞成矿的状态，其后再进入下一个有利成矿的时序进程，这种非稳定性的持续循环过程可以在一个成矿阶段内多次上演，并在正相关的持久性的影响下递进叠加导致成矿；当成矿驱动力主要为挤压诱发的流体超压时，迟滞时序状态最早出现并一直持续，直至驱动力累积到一个临界点后爆炸性地释放，随后进入有利时序状态并快速向成矿递进演化，这个过程在一个成矿阶段内不会循环出现，因为这种时序演化的时间长度小于一个自然序列的循环演化长度。

(5)计算模拟促进了对复杂矿床的认识。在进行计算模拟的过程中，本书尝试了在方法上进行了多方面的创新，包括：①发展了一种"基于多级约束的多源数据融合法"的形态模拟方法，用以集成多源数据构建复杂地质模型；②应用分形方法定量分析了空间结构模拟和动力学过程模拟的结果，从而将成矿系统时－空两方面的模拟结合起来讨论；③首次将 R/S 分析应用于研究动力学模拟的时序过程，挖掘了其中蕴含的非线性演化信息。本书应用这些方法解决了相关模拟方面的问题，取得了满意的效果。

附　录

注：多重分析计算程序用 Visual Basic For Applications 宏语言编制，并利用 Excel 丰富的图表功能进行自动成图。

运行程序前将原始数据拷贝到数据表的第一列。

附录一　多重分形分析

```
Sub multifractal( )
定义数据类型
Dim i, j, k, u, v, w, count As Long
Dim a, b, c, d, e, r, min, max, mrange As Double

标准化原始数据
w = 1
Do Until Cells(w, 1) = 0
w = w + 1
Loop
count = w - 1
min = Cells(1, 1)
max = Cells(1, 1)
For i = 2 To count
If Cells(i, 1) > max Then
    max = Cells(i, 1)
    End If
    Next i
For i = 2 To count
If Cells(i, 1) < min Then
    min = Cells(i, 1)
    End If
    Next i
mrange = max - min
For i = 1 To count
```

```
Cells(i, 2) = (Cells(i, 1) - min) / mrange
Next i
For i = 1 To count
If Cells(i, 2) = 0 Then
Cells(i, 2) = 0.001
End If
Next i
```

计算配分函数
```
v = 1
w = 1
Do Until Cells(w, 2) = 0
w = w + 1
Loop
count = w - 1
min = Cells(1, 2)
max = Cells(1, 2)
For i = 2 To count
If Cells(i, 2) > max Then
    max = Cells(i, 2)
    End If
    Next i
For i = 2 To count
If Cells(i, 2) < min Then
   min = Cells(i, 2)
   End If
   Next i
v = 1
w = 1
For u = 1 To 11
r = 0.5
For i = 1 To 2
a = 0
For j = 1 To count
If Cells(j, 2) >= min + (i - 1) * r Then
```

```
            If Cells(j, 2) < min + r * i Then
            a = a + 1
            End If
        End If
    Next j
    Cells(i, 3) = a / count
Next i
Cells(1 + (v - 1) * 7, 5) = r
Cells(1 + (v - 1) * 7, 6) = 0
For i = 1 To 2
    Cells(1 + (v - 1) * 7, 6) = Cells(1 + (v - 1) * 7, 6) + Cells(i, 3)
^ (0.5 * (u - 1))
    Next i
    r = 0.25
    For i = 1 To 4
    a = 0
    For j = 1 To count
        If Cells(j, 2) >= min + (i - 1) * r Then
            If Cells(j, 2) < min + r * i Then
            a = a + 1
            End If
        End If
    Next j
    Cells(i, 3) = a / count
Next i
Cells(2 + (v - 1) * 7, 5) = r
Cells(2 + (v - 1) * 7, 6) = 0
For i = 1 To 4
    Cells(2 + (v - 1) * 7, 6) = Cells(2 + (v - 1) * 7, 6) + Cells(i, 3)
^ (0.5 * (u - 1))
    Next i
    r = 0.2
    For i = 1 To 5
    a = 0
    For j = 1 To count
```

```
        If Cells(j, 2) > = min + (i - 1) * r Then
            If Cells(j, 2) < min + r * i Then
            a = a + 1
            End If
        End If
    Next j
    Cells(i, 3) = a / count
    Next i
    Cells(3 + (v - 1) * 7, 5) = r
    Cells(3 + (v - 1) * 7, 6) = 0
    For i = 1 To 5
    Cells(3 + (v - 1) * 7, 6) = Cells(3 + (v - 1) * 7, 6) + Cells(i, 3)
^ (0.5 * (u - 1))
    Next i
    r = 0.1
    For i = 1 To 8
    a = 0
    For j = 1 To count
    If Cells(j, 2) > = min + (i - 1) * r Then
        If Cells(j, 2) < min + r * i Then
        a = a + 1
        End If
    End If
    Next j
    Cells(i, 3) = a / count
    Next i
    Cells(4 + (v - 1) * 7, 6) = 0
    For i = 1 To 8
    Cells(4 + (v - 1) * 7, 6) = Cells(4 + (v - 1) * 7, 6) + Cells(i, 3)
^ (0.5 * (u - 1))
    Next i
    Cells(4 + (v - 1) * 7, 5) = r
    r = 0.05
    For i = 1 To 20
    a = 0
```

```
      For j = 1 To count
      If Cells(j, 2) >= min + (i - 1) * r Then
         If Cells(j, 2) < min + r * i Then
            a = a + 1
         End If
      End If
      Next j
      Cells(i, 3) = a / count
   Next i
   Cells(5 + (v - 1) * 7, 6) = 0
   For i = 1 To 20
      Cells(5 + (v - 1) * 7, 6) = Cells(5 + (v - 1) * 7, 6) + Cells(i, 3)
^ (0.5 * (u - 1))
   Next i
   Cells(5 + (v - 1) * 7, 5) = r
   r = 0.025
   For i = 1 To 40
      a = 0
      For j = 1 To count
      If Cells(j, 2) >= min + (i - 1) * r Then
         If Cells(j, 2) < min + r * i Then
            a = a + 1
         End If
      End If
      Next j
      Cells(i, 3) = a / count
   Next i
   Cells(6 + (v - 1) * 7, 6) = 0
   For i = 1 To 40
      Cells(6 + (v - 1) * 7, 6) = Cells(6 + (v - 1) * 7, 6) + Cells(i, 3)
^ (0.5 * (u - 1))
   Next i
   Cells(6 + (v - 1) * 7, 5) = r
   v = v + 1
   Next u
```

```
For i = 1 To 76
If i Mod 7 < > 0 Then
Cells(i, 8) = Log(Cells(i, 5))
Cells(i, 9) = Log(Cells(i, 6))
End If
Next i

Cells(11, 12) = " =SLOPE(I1:I6,H1:H6)"
Cells(12, 12) = " =SLOPE(I8:I13,H8:H13)"
Cells(13, 12) = " =SLOPE(I22:I27,H22:H27)"
Cells(14, 12) = " =SLOPE(I29:I34,H29:H34)"
Cells(15, 12) = " =SLOPE(I36:I41,H36:H41)"
Cells(16, 12) = " =SLOPE(I43:I48,H43:H48)"
Cells(17, 12) = " =SLOPE(I50:I55,H50:H55)"
Cells(18, 12) = " =SLOPE(I57:I62,H57:H62)"
Cells(19, 12) = " =SLOPE(I64:I69,H64:H69)"
Cells(20, 12) = " =SLOPE(I71:I76,H71:H76)"
For u = 2 To 11
r = 0.5
For i = 1 To 2
a = 0
For j = 1 To count
If Cells(j, 2) > = min + (i - 1) * r Then
   If Cells(j, 2) < min + r * i Then
   a = a + 1
   End If
   End If
Next j
Cells(i, 3) = a / count
Next i
Cells(1 + (v - 1) * 7, 5) = r
Cells(1 + (v - 1) * 7, 6) = 0
For i = 1 To 2
If Cells(i, 3) < > 0 Then
Cells(1 + (v - 1) * 7, 6) = Cells(1 + (v - 1) * 7, 6) + 1 / (Cells
```

```
          (i, 3) ^ (0.5 * (u - 1)))
        End If
      Next i
      r = 0.25
      For i = 1 To 4
      a = 0
      For j = 1 To count
      If Cells(j, 2) >= min + (i - 1) * r Then
        If Cells(j, 2) < min + r * i Then
        a = a + 1
        End If
      End If
      Next j
      Cells(i, 3) = a / count
      Next i
      Cells(2 + (v - 1) * 7, 5) = r
      Cells(2 + (v - 1) * 7, 6) = 0
      For i = 1 To 4
      If Cells(i, 3) <> 0 Then
      Cells(2 + (v - 1) * 7, 6) = Cells(2 + (v - 1) * 7, 6) + 1 / (Cells
          (i, 3) ^ (0.5 * (u - 1)))
        End If
      Next i
      r = 0.2
      For i = 1 To 5
      a = 0
      For j = 1 To count
      If Cells(j, 2) >= min + (i - 1) * r Then
        If Cells(j, 2) < min + r * i Then
        a = a + 1
        End If
      End If
      Next j
      Cells(i, 3) = a / count
      Next i
```

```
Cells(3 + (v - 1) * 7, 5) = r
Cells(3 + (v - 1) * 7, 6) = 0
For i = 1 To 5
If Cells(i, 3) < > 0 Then
Cells(3 + (v - 1) * 7, 6) = Cells(3 + (v - 1) * 7, 6) + 1 / (Cells(i, 3) ^ (0.5 * (u - 1)))
    End If
    Next i
    r = 0.1
    For i = 1 To 8
    a = 0
    For j = 1 To count
    If Cells(j, 2) > = min + (i - 1) * r Then
       If Cells(j, 2) < min + r * i Then
       a = a + 1
       End If
       End If
    Next j
    Cells(i, 3) = a / count
    Next i
    Cells(4 + (v - 1) * 7, 6) = 0
    For i = 1 To 8
    If Cells(i, 3) < > 0 Then
    Cells(4 + (v - 1) * 7, 6) = Cells(4 + (v - 1) * 7, 6) + 1 / (Cells(i, 3) ^ (0.5 * (u - 1)))
    End If
    Next i
    Cells(4 + (v - 1) * 7, 5) = r
    r = 0.05
    For i = 1 To 20
    a = 0
    For j = 1 To count
    If Cells(j, 2) > = min + (i - 1) * r Then
       If Cells(j, 2) < min + r * i Then
       a = a + 1
```

```
            End If
          End If
        Next j
        Cells(i, 3) = a / count
      Next i
      Cells(5 + (v - 1) * 7, 6) = 0
      For i = 1 To 20
        If Cells(i, 3) < > 0 Then
          Cells(5 + (v - 1) * 7, 6) = Cells(5 + (v - 1) * 7, 6) + 1 / (Cells(i, 3) ^ (0.5 * (u - 1)))
        End If
      Next i
      Cells(5 + (v - 1) * 7, 5) = r
      r = 0.025
      For i = 1 To 40
        a = 0
        For j = 1 To count
          If Cells(j, 2) > = min + (i - 1) * r Then
            If Cells(j, 2) < min + r * i Then
              a = a + 1
            End If
          End If
        Next j
        Cells(i, 3) = a / count
      Next i
      Cells(6 + (v - 1) * 7, 6) = 0
      For i = 1 To 40
        If Cells(i, 3) < > 0 Then
          Cells(6 + (v - 1) * 7, 6) = Cells(6 + (v - 1) * 7, 6) + 1 / (Cells(i, 3) ^ (0.5 * (u - 1)))
        End If
      Next i
      Cells(6 + (v - 1) * 7, 5) = r
      v = v + 1
    Next u
```

```
For i = 1 To 146
If i Mod 7 < > 0 Then
Cells(i, 8) = Log(Cells(i, 5))
Cells(i, 9) = Log(Cells(i, 6))
End If
Next i
Cells(10, 12) = " = SLOPE(I78:I83,H78:H83)"
Cells(9, 12) = " = SLOPE(I85:I90,H85:H90)"
Cells(8, 12) = " = SLOPE(I92:I97,H92:H97)"
Cells(7, 12) = " = SLOPE(I99:I104,H99:H104)"
Cells(6, 12) = " = SLOPE(I106:I111,H106:H111)"
Cells(5, 12) = " = SLOPE(I113:I118,H113:H118)"
Cells(4, 12) = " = SLOPE(I120:I125,H120:H125)"
Cells(3, 12) = " = SLOPE(I127:I132,H127:H132)"
Cells(2, 12) = " = SLOPE(I134:I139,H134:H139)"
Cells(1, 12) = " = SLOPE(I141:I146,H141:H146)"
```

计算质量指数、广义维、多重分形谱
```
For i = 1 To 12
Cells(i, 11) = -5 + (i - 1) * 0.5
Next i
For i = 13 To 20
Cells(i, 11) = 1.5 + (i - 13) * 0.5
Next i
For i = 1 To 20
Cells(i, 14) = Cells(i, 11)
Cells(i, 15) = 1 / (Cells(i, 11) - 1) * Cells(i, 12)
Next i
For i = 2 To 19
Cells(i, 17) = (Cells(i + 1, 12) - Cells(i - 1, 12)) / (Cells(i + 1, 11)
 - Cells(i - 1, 11))
Cells(i, 18) = Cells(i, 11) * Cells(i, 17) - Cells(i, 12)
Next i
Cells(1, 17) = (Cells(2, 12) - Cells(1, 12)) / (Cells(2, 11) - Cells(1, 11))
Cells(1, 18) = Cells(1, 11) * Cells(1, 17) - Cells(1, 12)
```

Cells(20, 17) = (Cells(20, 12) - Cells(19, 12))/(Cells(20, 11) - Cells(19, 11))

Cells(20, 18) = Cells(20, 11) * Cells(20, 17) - Cells(20, 12)

Cells(22, 15) = Cells(count, 19)

Cells(22, 16) = Cells(count, 20)

Cells(1, 19) = Cells(count, 19)

Cells(1, 20) = Cells(count, 20)

自动成图

```
ActiveSheet.Shapes.AddChart.Select
    ActiveChart.ChartType = xlXYScatterLines
    ActiveChart.SetSourceData Source:=Range("'Sheet1'!$K$1:$L$20")
    With ActiveChart
        .HasTitle = True
        With .ChartTitle
            .Text = "质量指数"
            .Font.Name = "宋体"
            .Font.Size = 15
            .Font.ColorIndex = 5
            .Top = 5
            .Left = 150
        End With
        With .Axes(xlCategory)
            .HasTitle = True
            .AxisTitle.Text = "q 阶矩"
            .AxisTitle.Font.Name = "宋体"
            .AxisTitle.Font.Size = 12
            .AxisTitle.Font.Bold = False
            .AxisTitle.Font.ColorIndex = 1
        End With
        With .Axes(xlValue)
            .HasTitle = True
            .AxisTitle.Text = "质量指数"
            .AxisTitle.Font.Name = "宋体"
```

```
            .AxisTitle.Font.Size = 12
            .AxisTitle.Font.Bold = False
            .AxisTitle.Font.ColorIndex = 1
        End With
        ActiveChart.Axes(xlValue).MajorGridlines.Select
    Selection.Delete
        ActiveChart.Legend.Select
    Selection.Delete
    End With
ActiveSheet.Shapes.AddChart.Select
    ActiveChart.ChartType = xlXYScatterLines
    ActiveChart.SetSourceData Source:=Range("'Sheet1'! $N$1:$O$20")
    With ActiveChart
        .HasTitle = True
        With .ChartTitle
            .Text = "广义维"
            .Font.Name = "宋体"
            .Font.Size = 15
            .Font.ColorIndex = 5
            .Top = 5
            .Left = 150
        End With
        With .Axes(xlCategory)
            .HasTitle = True
            .AxisTitle.Text = "q 阶矩"
            .AxisTitle.Font.Name = "宋体"
            .AxisTitle.Font.Size = 12
            .AxisTitle.Font.Bold = False
            .AxisTitle.Font.ColorIndex = 1
        End With
        With .Axes(xlValue)
            .HasTitle = True
            .AxisTitle.Text = "广义维"
            .AxisTitle.Font.Name = "宋体"
```

```
            . AxisTitle. Font. Size = 12
            . AxisTitle. Font. Bold = False
            . AxisTitle. Font. ColorIndex = 1
        End With

        ActiveChart. Axes(xlValue). MajorGridlines. Select
    Selection. Delete
        ActiveChart. Legend. Select
    Selection. Delete
    End With
ActiveSheet. Shapes. AddChart. Select
    ActiveChart. ChartType = xlXYScatterLines
    ActiveChart. SetSourceData Source: = Range(" ′Sheet1！ $ Q $ 1: $ R $ 20")
    With ActiveChart
        . HasTitle = True
        With . ChartTitle
            . Text = "多重分形谱"
            . Font. Name = "宋体"
            . Font. Size = 15
            . Font. ColorIndex = 5
            . Top = 5
            . Left = 150
        End With
        With . Axes(xlCategory)
            . HasTitle = True
            . AxisTitle. Text = "奇异性指数"
            . AxisTitle. Font. Name = "宋体"
            . AxisTitle. Font. Size = 12
            . AxisTitle. Font. Bold = False
            . AxisTitle. Font. ColorIndex = 1
        End With
        With . Axes(xlValue)
            . HasTitle = True
            . AxisTitle. Text = "多重分形谱"
```

```
        . AxisTitle. Font. Name = "宋体"
        . AxisTitle. Font. Size = 12
        . AxisTitle. Font. Bold = False
        . AxisTitle. Font. ColorIndex = 1
    End With

        ActiveChart. Axes( xlValue) . MajorGridlines. Select
    Selection. Delete
        ActiveChart. Legend. Select
    Selection. Delete
    End With
    Application. Dialogs( xlDialogSaveAs) . Show

    End Sub
```

附录二 R/S 分析

```
Sub RS( )
Dim i, j, w, count, n, m As Long
Dim mean, devmax, devmin, devrange, meanrs As Double

n = InputBox( "Input" )
w = 1
Do Until Cells( w, 1) = 0
w = w + 1
Loop
count = w - 1
m = Int( count / n)
For i = 1 To m
    mean = 0
    sdev = 0
    dev = 0
    For j = 1 To n
       mean = mean + Cells( ( i - 1) * n + j, 1)
    Next j
    mean = mean / n
```

```
Cells((i - 1) * n + 1, 3) = Cells((i - 1) * n + 1, 1) - mean
For j = 2 To n
Cells((i - 1) * n + j, 3) = Cells((i - 1) * n + j - 1, 3) + Cells((i - 1) * n + j, 1) - mean
 Next j
devmax = Cells((i - 1) * n + 1, 3)
devmin = Cells((i - 1) * n + 1, 3)
For j = 2 To n
If Cells((i - 1) * n + j, 3) > devmax Then
devmax = Cells((i - 1) * n + j, 3)
End If
Next j
For j = 2 To n
If Cells((i - 1) * n + j, 3) < devmin Then
devmin = Cells((i - 1) * n + j, 3)
End If
Next j
For j = 1 To n
sdev = sdev + (Cells((i - 1) * n + j, 1) - mean) ^ 2
Next j
sdev = (sdev / n) ^ 0.5
devrange = devmax - devmin
Cells(i, 5) = devrange
Cells(i, 6) = sdev
Cells(i, 7) = Cells(i, 5) / Cells(i, 6)
Next i
meanrs = 0
For i = 1 To m
meanrs = meanrs + Cells(i, 7)
Next i
Cells(m + 2, 5) = n
Cells(m + 2, 6) = meanrs / m
Cells(m + 2, 7) = Cells(m + 2, 6) / (n ^ 0.5)

    End Sub
```

参考文献

[1] Afzal P, Alghalandis Y F, Khakzad A, et al.. Delineation of mineralization zones in porphyry Cu deposits by fractal concentration – volume modeling[J]. Journal of Geochemical Exploration, 2011, 108: 220 – 232.

[2] Agterberg F P. Multifractal modeling of the sizes and grades of giant and supergiant deposits[J]. International Geology Review, 1995, 37 (1): 1 – 8.

[3] Arias M, Gumiel P, Sanderson D J, et al.. A multifractal simulation model for the distribution of VMS deposits in the Spanish segment of the Iberian Pyrite Belt[J]. Computers & Geosciences, 2011, 37: 1917 – 1927.

[4] Arias M, Gumiel P, Martin – lzard. Multifractal analysis of geochemical anomalies: A tool for assessing prospectivity at the SE border of the Ossa Morena Zone, Variscan Massif (Spain)[J]. Journal of Geochemical Exploration, 2012, 122: 101 – 112.

[5] Blenkinsop T G. The fractal dimension of gold deposits: two examples from the Zimbabwe Archaean craton[C]. In: Kruhl J H. (Ed.). Fractal and Dynamic Systems in Geosciences. Berlin: Springer, 1994: 247 – 258.

[6] Calcagno P, Chiles J P, Courrioux G, et al.. Geological modelling from ?eld data and geological knowledge: Part I. Modelling method coupling 3D potential – ?eld interpolation and geological rules[J]. Physics of the Earth and Planetary Interiors, 2008, 171: 147 – 157.

[7] Candela P A, Philip M, Piccoli P M. Magmatic processes in the development of porphyry – type ore systems[J]. Economic Geology, 2005, 100th Anniversary volume: 25 – 38.

[8] Carlson C A. Spatial distribution of ore deposit[J]. Geology, 1991, 19(2): 107 – 110.

[9] Cathles L M. An analysis of the cooling of intrusives by ground – water convection which includes boiling[J]. Economic Geology, 1977, 72: 804 – 826.

[10] Cheng Q M, Agterberg F P, Ballantyne S B.. The separation of geochemical anomalies from background by fractal methods[J]. Journal of Geochemical Exploration, 1994, 51: 109 – 130.

[11] Cheng Q M, Agterberg F P. Multifractal modeling and spatial statistics[J]. Mathematical Geology, 1996, 28 (1): 1 – 16.

[12] Cheng Q M. Multifractality and spatial statistics[J]. Computers & Geosciences, 1999, 25: 949 – 961.

[13] Cheng Q M, Xu Y, Grunsky E. Integrated spatial and spectrum method for geochemical anomaly separation[J]. Natural Resources Research, 2000, 9: 43 – 51.

[14] Cheng Q M. Mapping singularities with stream sediment geochemical data for prediction of undiscovered mineral deposits in Gejiu, Yunnan Province, China[J]. Ore Geology Reviews, 2007, 32 (1 – 2): 314 – 324.

[15] Cheng, Q M, Agterberg F P. Singularity analysis of ore – mineral and toxic trace elements in stream sediments[J]. Computers & Geosciences, 2009, 35: 234 – 244.

[16] Chi G, Bosman S, Card C. Numerical modeling of fluid pressure regime in the Athabasca basin and implications for fluid flow models related to the unconformity – type uranium mineralization. Journal of Geochemical Exploration, 2013, 125: 8 – 19.

[17] Clark I. Practical Geostatistics[M]. Scotland: Geostokos, 1979.

[18] Cooke D R, Hollings P, Walshe J L. Giant Porphyry Deposits: Characteristics, distribution, and tectonic controls[J]. Economic Geology, 2005, 100: 801 – 818.

[19] Corbett G J, Leach T M. Southwest Pacific Rim Gold – copper Systems: Structure, Alteration, and Mineralization[C]. Littletion: Society of Economic Geology Special Publication, 1998, 6: 240.

[20] Delaunay B. Sur la sphère vide, Izvestia Akademii Nauk SSSR[J]. Otdelenie Matematicheskikh i Estestvennykh Nauk, 1934, 7: 793 – 800.

[21] Deng J, Wang Q F, Wan L, et al.. Random difference of the trace element distribution in skarn and marble from Shizishan orefield, Anhui Province, China[J]. Journal of China University of Geosciences, 2008, 19(4): 319 – 326.

[22] Deng J, Wang Q F, Wan L, et al.. A multifractal analysis of mineralization characteristics of the Dayingezhuang disseminated – veinlet gold deposit in the Jiaodong gold province of China [J]. Ore Geology Reviews, 2011, 40(1): 54 – 64.

[23] Falconer K. Fractal Geometry – Mathematical Foundations and Applications[M]. England: John Wiley & Sons Ltd., 1990.

[24] Feltrin L, McLellan J G, Oliver N H S. Modelling the giant, Zn – Pb – Ag Century deposit, Queensland, Australia[J]. Computers & Geosciences, 2009, 35: 108 – 133.

[25] Fournier R O. Hydrothermal processes related to movement of fluid from plastic into brittle rock in the magmatic – epithermal environment[J]. Economic Geology, 1999, 94: 1193 – 1211.

[26] Fu F Q, McInnes B I, Evans N J, et al.. Numerical modeling of magmatic – hydrothermal systems constrained by U – Th – Pb – He time – temperature histories [J]. Journal of Geochemical Exploration, 2010, 106: 90 – 109.

[27] Gow P A, Upton P, Zhao C, et al.. Copper – gold mineralization in New Guinea: numerical modelling o collision, fluid flow and intrusion – related hydrothermal systems[J]. Australian Journal of Earth Sciences, 2002, 49(4): 753 – 771.

[28] Gow P A, Walshe J L. The role of preexisting geological architecture in the formation of giant porphyry – related Cu ± Au deposits: Example from New Guinea and Chile[J]. Economic Geology, 2005, 100: 819 – 833.

[29] Gustafson L B, Hunt J P. The porphyry copper deposit at El Salvador, Chile[J]. Economic Geology, 1975, 70: 857 – 912.

[30] Halsey T C, Jensen M H, Kadanoff L P, et al.. Fractal measures and their singularities: The characteristics of strange set[J]. Physical Reviews A, 1986, 33(2): 1141 – 1151.

[31] Harris A C, Kamenetsky V S, White N C, et al.. Melt inclusions in veins: Linking magmas and porphyry Cu deposits[J]. Science, 2003, 320: 2109 - 2111.

[32] Heinrich C A. The physical and chemical evolution of low - salinity magmatic fluids at the porphyry to epithermal transition: a thermodynamic study[J]. Mineralium Deposita, 2005, 39: 864 - 889.

[33] Hobbs B E, Zhang Y H, Ord A, et al.. Application of coupled deformation, fluid flow, thermal and chemical modeling to predictive mineral exploration [J]. Journal of Geochemical Exploration, 2000, 69 - 70: 505 - 509.

[34] Hollister V F. Regional characteristics of porphyry copper deposits of south America[J]. Trans, SME - AIME, 1974, 256: 45 - 53.

[35] Houlding S W. 3D Geoscience Modeling, Computer Techniques for Geological Characterization [M]. Berlin: Springer, 1994.

[36] Hubbert M K. The theory of ground - water motion[J]. Journal of Geology, 1940, 48: 785 - 944.

[37] Ingebritsen S E, Geiger S, Hurwitz S, et al.. Numerical simulation of magmatic hydrothermal systems[J]. Reviews of Geophysics, 2010, 48(1): 1 - 33.

[38] Ingebritsen S E, Appold M S. The physical hydrogeology of ore deposits [J]. Economic Geology, 2012, 107: 559 - 584.

[39] Ingebritsen S E. Modeling the formation of porphyry - copper ores[J]. Science, 2012, 338: 1551 - 1552.

[40] Ioannou S E, Spooner E T C. Fracture analysis of a volcanogenic massive sulfide - related hydrothermal cracking zone, Upper Bell River complex, Matagami, Quebec: Application of permeability tensor theory[J]. Economic Geology, 2007, 102: 667 - 690.

[41] Itasca Consulting Group, Inc. FLAC3D: Fast lagrangian analysis of continua in 3 dimensions, User's manual, Version 3.0[R]. Minneapolis, 2005.

[42] Jebrak M. Hydrothermal breccias in vein - type ore deposits: a review of mechanisms, morphology and size distribution[J]. Ore Geology Reviews, 1997, 12: 111 - 134.

[43] Johnson J W, Norton D L. Theoretical prediction of hydrothermal conditions and chemical equilibria during skarn formation in porphyry copper system[J]. Economic Geology, 1985, 80: 1797 - 1823.

[44] Journel A G, Huijbregts C. Mining Geostatistics[M]. New York: Academic Press, 1978.

[45] Kaufmann O, Martin T. 3D geological modelling from boreholes, cross - sections and geological maps, application over former natural gas storages in coal mines[J]. Computers & Geosciences, 2008, 34: 278 - 290.

[46] Eldursi K, Branquet Y, Guillou - Frottier L, et al.. Numerical investigation of transient hydrothermal processes around intrusions: Heat - transfer and fluid - circulation controlled mineralization patterns[J]. Earth and Planetary Science Letters, 2009, 288: 70 - 83.

[47] Knapp R B, Norton D L. Preliminary numerical analysis of processes related to magma

crystallization and stress evolution in cooling pluton environments[J]. American Journal Science, 1981, 281: 35 – 68.

[48] Guillou – Frottier L, Burov E. The development and fracturing of plutonic apexes: implications for porphyry ore deposits[J]. Earth and Planetary Science Letters, 2003, 214: 341 – 356.

[49] Lawson C L. A software for C surface interpolation[C]. Mathematical Software III. New York: Academic Press, 1977: 161 – 194.

[50] Lemon A M, Jones N L. Building solid models from boreholes and user – de? ned cross – sections[J]. Computers & Geosciences, 2003, 29: 547 – 555.

[51] Li C, Ma T, Shi J. Application of a fractal method relating concentrations and distances for separation of geochemical anomalies from background[J]. Journal of Geochemical Exploration, 2003, 77: 167 – 175.

[52] Li J K, Zhang D H, Wang D H. Numerical simulations of heat and mass transfer for the Tongchang porphyry copper deposit, Dexing, Jiangxi Province, China[C]. Proceedings of the 8th Biennial SGA meeting, 2005: 425 – 428.

[53] Lin G, Zhou Y, Wei X R, et al.. Structural controls on fluid flow and related mineralization in the Xiangshan uranium deposit, southern China[J]. Journal of Geochemical Exploration, 2006, 89: 231 – 234.

[54] Liu L M, Yang G Y, Peng S L, et al.. Numerical modelling of coupled geodynamical processes and its role in facilitating predictive ore discovery: An example from Tongling, China[J]. Resource Geology, 2005, 55: 21 – 31.

[55] Liu L M, Zhao Y L, Zhao C. Coupled geodynamics in the formation of Cu skarn deposits in the Tongling – Anqing district, China: computational modeling and implications for exploration[J]. Journal of Geochemical Exploration, 2010, 106: 146 – 155.

[56] Liu L M, Wan C L, Zhao C. Geodynamic constraints on orebody localization in the Anqing orefield, China: Computational modeling and facilitating predictive exploration of deep deposits [J]. Ore Geology Reviews, 2011, 43: 249 – 263.

[57] Liu L M, Zhao Y L, Sun T. 3D computational shape – and cooling process – modeling of magmatic intrusion and its implication for genesis and exploration of intrusion – related ore deposits: An example from the Yueshan intrusion in Anqing, China[J]. Tectonophysics, 2012, 526 – 529: 110 – 123.

[58] Liu L M, Sun T, Zhou R C. Epigenetic genesis and magmatic intrusion's control on the Dongguashan stratabounded deposit, Tongling, China[J]. Journal of Geochemical Exploration, 2014. (In Press)

[59] Lowell J D, Guilbert J M. Lateral and vertical alteration – mineralization zoning in porphyry ore deposits[J]. Economic Geology, 1970, 65(4): 373 – 408.

[60] Lowell R P, Burnell D K. Mathematical modeling of conductive heat transfer from a freezing, convecting magma chamber to a single – pass hydrothermal systems: implication for seafloor black smokers[J]. Earth and Planetary Science Letters, 1991, 104: 565 – 575.

[61] Magri F, Bayer U, Clausnitzer V, et al. Deep reaching fluid flow close to convective instability in the NE German basin – results from water chemistry and numerical modeling[J]. Tectonophysics, 2005, 397: 5-20.

[62] Mallet J L. Discrete smooth interpolation in geometric modeling[J]. Computer – Aided Design, 1992, 24(4): 178-191.

[63] Mallet J L. Discrete modeling for natural objects[J]. Mathematical Geology, 1997, 29(3): 199-219.

[64] Mandelbrot B B, Van ness J W. Fractional Brownian motions, fractional noises and applications [J]. Siam Rev., 1968, 10: 422-437.

[65] Mandelbrot B B. Fractals: Form, Chances and Dimension[M]. New York: W. H. Freeman & Company, 1977.

[66] Mandelbrot B B. The Fractal Geometry of Nature[M]. New York: W. H. Freeman and company, 1982.

[67] Mandelbrot B B. Self – affine fractals and fractal dimension[J]. Physica Scripta, 1985, 32: 257-260.

[68] Mandelbrot B B. Multifractal measures, especially for the geophysicist[J]. Pure and Applied Geophysics, 1989, 131(1): 5-42.

[69] Martelet G, Calcagno P, Gumiaux C. Integrated 3D geophysical and geological modelling of the Hercynian Suture Zone in the Champtoceaux area (south Brittany, France)[J]. Tectonophysics, 2004, 382: 117-128.

[70] Masterman G, Berry R, Cooke D R, et al. Fluid chemistry, structural setting, and emplacement history of the Rosario Cu – Mo porphyry and Cu – Ag – Au epithermal veins, Collahuasi district, northern Chile[J]. Economic Geology, 2005, 100: 835-862.

[71] Matheron G. The Theory of Regionalised Variables and its Applications[M]. France: ? cole national supérieure des mines, 1971.

[72] Matheron G. Principles of geostatistics[J]. Economic Geology, 1963, 58: 1246-1266.

[73] McLellan J G, Oliver N H S, Ord A, et al.. A numerical modelling approach to fluid flow in extensional environments: implications for genesis of large microplaty hematite ores[J]. Journal of Geochemical Exploration, 2003, 78-79: 675-679.

[74] McLellan J G, Oliver N H S, Schaubs P M. Fluid flow in extensional environments: numerical modeling with an application to Hamersley iron ores[J]. Journal of Structural Geology, 2004, 26: 1157-1171.

[75] Ming J, Pan M, Qu H, Ge Z. GSIS: A 3D geological multi – body modeling system from netty cross – sections with topology[J]. Computers & Geosciences, 2010, 36: 756-767.

[76] Monecke T, Monecke J, Herzig P M, et al.. Truncated fractal frequency distribution of element abundance data: A dynamic model for the metasomatic enrichment of base and precious metals [J]. Earth and Planetary Science Letters, 2005, 232: 363-378.

[77] Norton D L, Knight J. Transport phenomena in hydrothermal systems: cooling plutons[J].

American Journal Science, 1977, 277: 937 – 981.

[78] Norton D L, Taylor Jr. H P. Quantitative simulation of the hydrothermal systems of crystallizing magmas on the basis of transport theory and oxygen isotope data: An analysis of the Skaergaard intrusion[J]. Journal of Petrology, 1979, 20: 421 – 486.

[79] Norton D L. Fluid and heat transport phenomena typical of copper – bearing pluton environments [C]. Advances in Geology of the Porphyry Copper Deposits. Tucson: Univ Arizona Press, 1982: 59 – 72

[80] Panahi A, Cheng Q M. Multifractality as a measure of spatial distribution of geochemical patterns[J]. Mathematical Geology, 2004, 36(7): 827 – 846.

[81] Rabinowicz M, Boulegue J, Genthon P. Two – and three – dimensional modeling of hydrothermal convection in the sedimented Middle Valley segment, Juan de Fuca Ridge[J]. Journal of Geophysical Research, 1998, 103: 24045 – 24065.

[82] Richards J P. Boyce A J, Pringle M S. Geological evolution of the Escondida area, northern Chile: A model for spatial and temporal localization of porphyry Cu mineralization [J]. Economic Geology, 2001, 96(2): 271 – 305.

[83] Richards J P. Tectono – magmatic precursors for porphyry Cu – (Mo – Au) deposit formation [J]. Economic Geology, 2003, 98: 1515 – 1533.

[84] Sanderson D J, Roberts S, Gumiel P. A fractal relationship between vein thickness and gold grade in drill core from La Codosera, Spain[J]. Economic Geology, 1994, 89: 168 – 173.

[85] Schardt C, Yang J, Large R R. Numerical heat and fluid flow modeling of the Panorama volcanic – hosted massive sulfide district, Western Australia[J]. Economic Geology, 2005, 100: 547 – 566.

[86] Schün, J H. Physical Properties of Rocks: Fundamental and Principles of Petrophysics[M]. Oxford: Pergamon – Elsevier, 1998.

[87] Seedorff E, Dilles J H, Proffett J M, Einaudi M T, Zurcher L, Stavast W J A, Johnson D A, Barton M D. Porphyry deposits: Characteristics and origin of hypogene features[J]. Economic Geology, 2005, 100th Anniversary Volume: 251 – 298.

[88] Sillitoe R H. A plate tectonic model for the origin of porphyry copper deposits[J]. Economic Geology, 1972, 67: 184 – 197.

[89] Sillitoe R H. Major regional factors favoring large size, high hypogene grade, elevated gold content and supergene oxidation and enrichment of porphyry copper deposits[C]. Porphyry and hydrothermal copper and gold deposits: A Global Perspecitve. Perth: Australian Mineral Foundation, 1998: 21 – 34.

[90] Sillitoe R H. Porphyry copper systems[J]. Economic Geology, 2010, 105: 3 – 41.

[91] Sirakov N M, Granado I, Muge F H. Interpolation approach for 3D smooth reconstruction of subsurface objects[J]. Computers & Geosciences, 2002, 28: 877 – 885.

[92] Sun T, Liu L M. Delineating the complexity of Cu – Mo mineralization in a porphyry intrusion by computational and fractal modeling: A case study of the Chehugou deposit in the Chifeng

district, Inner Mongolia, China[J]. Journal of Geochemical Exploration, 2014. (In Press)

[93] Thierga? rtner H. Theory and Practice in Mathematical Geology – Introduction and Discussion. Mathematical Geology, 2006, 38(6): 659 – 665.

[94] Tosdal R M, Richards J P. Magmatic and structural controls on the development of porphyry Cu ± Mo ± Au deposits[J]. Reviews in Economic Geology, 2001, 14: 157 – 181.

[95] Travis B J, Janecky D R, Rosenberg N D. Three – dimensional simulations of hydrothermal circulation at mid – ocean ridges[J]. Geophysical Research Letters, 1991, 18: 1441 – 1444.

[96] Ulrich T, Gunthur D, Heinrich C A. Gold concentrations of magmatic brines and the metal budget of porphyry copper deposits[J]. Nature, 1999, 399: 676 – 679.

[97] Ulrich T, Gunthur D, Heinrich C A. The evolution of a porphyry Cu – Au deposit, based on LA – ICP – MS analysis of fluid inclusions: Bajo de la Alumbrera, Argentina[J]. Economic Geology, 2001, 96: 1743 – 1774.

[98] Wang G W, Zhu Y, Zhang S, et al.. 3D geological modeling based on gravitational and magnetic data inversion in the Luanchuan ore region, Henan Province, China[J]. Journal of Applied Geophysics, 2012a, 80: 1 – 11.

[99] Wang G W, Carranza E J M, Zuo R G, et al.. Mapping of district – scale potential targets using fractal models[J]. Journal of Geochemical Exploration, 2012b, 122: 34 – 46.

[100] Wang Q F, Deng J, Liu H, et al.. Fractal models for ore reserve estimation[J]. Ore Geology Reviews, 2010, 37(1): 2 – 14.

[101] Weis P, Driesner T, Heinrich C A. Porphyry – copper ore shells form at stable pressure – temperature fronts with dynamic fluid plumes[J]. Science, 2012, 338: 1613 – 1616.

[102] Xue Y, Sun M, Ma A N. On the reconstruction of three – dimensional complex geological objects using Delaunay triangulation[J]. Future Generation Computer Systems, 2004, 20: 1227 – 1234.

[103] Yang J. Influence of normal faults and basement topography on ridge – flank hydrothermal fluid circulation[J]. Geophysical Journal International, 2002, 151: 83 – 87.

[104] Yang J. Full 3 – D numerical simulation of hydrothermal fluid flow in faulted sedimentary basins: example of the McArthur Basin, Northern Australia[J]. Journal of Geochemical Exploration, 2006, 89: 440 – 444.

[105] Yang J, Large R R, Bull S, et al.. Basin – scale numerical modeling to test the role of Buoyancy – driven fluid flow and heat transfer in the formation of stratiform Zn – Pb – Ag deposits in the northern Mount Isa Basin[J]. Economic Geology And The Bulletin Of The Society Of Economic Geologists, 2006, 101: 1275 – 1292.

[106] Zanchi A, Francesca S, Stefano Z. 3D reconstruction of complex geological bodies: Examples from the Alps[J]. Computers & Geosciences, 2009, 35: 49 – 69.

[107] Zeng Q D, Yang J H, Liu J M. Genesis of the Chehugou Mo – bearing granitic complex on the northern margin of the North China Cration: geochemistry, ziron U – Pb age and Sr – Nd – Pb isotopes[J]. Geological Magazine, 2012, 149(5): 753 – 767.

[108] Zhang Y, Roberts P A, Murphy B. Understanding regional structural controls on mineralization at the century deposits: A numerical modelling approach[J]. Journal of Geochemical Exploration, 2010, 106: 244-250.

[109] Zhang Y, Roberts P A, Murphy B. Numerical modelling of structural controls on fluid localization and its implication on mineralization at the Century deposit[J]. Journal of Geochemical Exploration, 2009, 101: 125.

[110] Zhao C, Lin G, Hobbs B E, et al.. Finite element modeling of reactive fluids mixing and mineralization in pore-fluid saturated hydrothermal/sedimentary basins[J]. Engineering Computations, 2002, 19: 364-385.

[111] Zhao C, Hobbs B E, Ord A. Convective and Advective Heat Transfer in Geological Systems[M]. Berlin: Springer, 2008.

[112] Zhao C. Dynamic and Transient Infinite Elements: Theory and Geophysical, Geotechnical and Geoenvironmental Applications[M]. Berlin: Springer, 2009.

[113] Zhao C, Hobbs B E, Ord A. Fundamentals of Computational Geoscience: Numerical Methods and Algorithms[M]. Berlin: Springer, 2009.

[114] Zhao C, Hobbs B E, Ord A. Theoretic and numerical investigation into roles of geofluid flow in ore forming systems: Integrated mass conservation and generic model approach[J]. Journal of Geochemical Exploration, 2010, 106: 251-260.

[115] Zhao C, Reid L B, Regenauer-Lied K. Some fundamental issue in computational hydrodynamics of mineralization: A review[J]. Journal of Geochemical Exploration, 2012, 112: 21-34.

[116] Zhao J N, Chen S Y, Zuo R G, et al.. Mapping complexity of spatial distribution of faults using fractal and multifractal models: vectoring towards exploration targets[J]. Computers & Geosciences, 2011, 37: 1958-1966.

[117] Zorin Y A. Geodynamic of the western part of the Mongolia-Okhotsk collisional belt, Trans-Baikal region (Russia) and Mongolia[J]. Tectonophysics, 1999, 306: 33-56.

[118] Zuo R G, Cheng Q M, Xia Q L. Application of fractal models to characterization of vertical distribution of geochemical element concentration[J]. Journal of Geochemical Exploration, 2009a, 102: 37-43.

[119] Zuo R G, Cheng Q M, Agterberg F P, et al.. Evaluation of the uncertainty in estimation of metal resources of skarn tin in Southern China[J]. Ore Geology Reviews, 2009b, 35: 415-422.

[120] Zyvoloski G A. Finite element methods for geothermal reservoir simulation[J]. Int. J. Numer. Anal. Methods Geomech., 1983, 7: 75-86.

[121] 鲍征宇. 地质过程动力学体系研究层次及认识论[J]. 地球科学, 1994, 19(3): 287-293.

[122] 岑况, 於崇文. 成矿流体的流动-反应-输送耦合与金属成矿[J]. 地学前缘, 2001, 8(4): 323-328.

[123] 陈国达. 成矿构造研究法[M]. 北京: 地质出版社, 1985.

[124] 陈建平, 唐菊兴, 丛源, 等. 藏东玉龙斑岩铜矿地质特征及成矿模型[J]. 地质学报,

2009,83(12):1887-1900.

[125] 陈懋弘,莫次生,黄智忠,等. 广西苍梧县社洞钨矿床花岗岩类锆石 LA-ICP-MS 和辉钼矿 Re-Os 年龄及其地质意义[J]. 矿床地质,2011,30(6):963-978.

[126] 陈衍景. 造山型矿床、成矿模式及找矿潜力[J]. 中国地质,2006,33(6):1181-1192.

[127] 陈衍景,倪陪,范宏瑞,等. 不同类型热液金矿系统的流体包裹体特征[J]. 岩石学报,2007,23(9):2085-2108.

[128] 陈衍景,李诺. 大陆内部浆控高温热液矿床成矿流体性质及其与岛弧区同类矿床的差异[J]. 岩石学报,2009,25(10):2477-2508.

[129] 陈颙,陈凌. 分形几何学(第二版)[M]. 北京:地震出版社,2005.

[130] 成秋明. 多维分形理论和地球化学元素分布规律[J]. 地球科学,2000,25(3):311-318.

[131] 成秋明. 非线性成矿预测理论:多重分形奇异性-广义自相似性-分形谱系模型与方法[J]. 地球科学,2006,31(3):337-348.

[132] 成秋明. 成矿过程奇异性与矿产预测定量化的新理论与新方法[J]. 地学前缘,2007,14(5):42-53.

[133] 程顺波,付建明,徐德明,等. 桂东北大宁岩体锆石 SHRIMP 年代学及地球化学研究[J]. 中国地质,2009,36(6):1278-1288.

[134] 池国祥,薛春纪. 成矿流体动力学的原理、研究方法及应用[J]. 地学前缘,2011,18(5):1-18.

[135] 邓军,翟裕生,杨立强,等. 剪切带构造-流体-成矿系统动力学模拟[J]. 地学前缘,1999,6(1):115-127.

[136] 邓军,杨立强,翟裕生,等. 构造流体成矿系统及其动力学的理论格架与方法体系[J]. 地球科学,2000,25(1):71-78.

[137] 高合明. 斑岩铜矿床研究中存在的问题与复杂性科学[J]. 矿物岩石地球化学通讯,1994,3:178-181.

[138] 高合明,於崇文,鲍征宇. 斑岩铜矿床中脉体形成的动力学[J]. 地质论评,1994,40(6):508-512.

[139] 关文革. 基于超面-四面体模型的三维地质建模研究[D]. 北京:中国矿业大学,2006.

[140] 郭国章,任启江,方长泉,等. 德兴斑岩铜矿成矿过程中地下热水运移的动力学模拟[J]. 地球化学,1994,23(4):402-410.

[141] 郭艳军,潘懋,王喆,等. 基于钻孔数据和交叉折剖面约束的三维地层建模方法研究[J]. 地理与地理信息科学,2009,25(2):23-26.

[142] 广西壮族自治区地质矿产局. 广西壮族自治区区域地质志[M]. 北京:地质出版社,1985.

[143] 广西壮族自治区区域地质调查研究院二分院. 1:50000 水晏幅、陈塘幅、古袍幅和思旺幅区域地质调查报告[R]. 广西壮族自治区地质矿产局,1995.

[144] 核工业 243 大队. 内蒙古自治区赤峰市松山区双山子铜金多金属矿补充详查报告[R]. 2009.

[145] 侯景儒,黄竞先. 地质统计学的理论与方法[M]. 北京:地质出版社,1990.

[146] 侯景儒,尹镇南,李维明,等. 实用地质统计学[M]. 北京:地质出版社,1998
[147] 侯景儒,郭光裕. 矿床统计预测及地质统计学的理论与应用[M]. 北京:冶金工业出版社,1993.
[148] 侯增谦. 斑岩Cu-Mo-Au矿床:新认识与新进展[J]. 地学前缘,2004,11(1):131-144.
[149] 侯增谦,孟祥金,曲晓明,等. 西藏冈底斯斑岩铜矿带埃达克质斑岩含矿性:源岩相变及深部过程约束[J]. 矿床地质,2005,24:108-121.
[150] 侯增谦,潘小菲,杨志明,等. 初论大陆环境斑岩铜矿[J]. 现代地质,2007,21(2):332-351.
[151] 侯增谦,杨志明. 中国大陆环境斑岩型矿床:基本地质特征、岩浆热液系统和成矿概念模型[J]. 地质学报,2009,83(12):1779-1817.
[152] 华仁民,李晓峰,陆建军,等. 德兴大型铜金矿集区构造环境和成矿流体研究进展[J]. 地球科学进展,2000,15(5):525-533.
[153] 姜耀辉,蒋少涌,凌宏飞. 陆-陆碰撞造山环境下的含铜斑岩岩石成因-以藏东玉龙斑岩铜矿带为例[J]. 岩石学报,2006,22(4):697-706.
[154] 金章东. 江西德兴铜厂斑岩体铜品位的分形结构[J]. 矿床地质,1998,17(4):363-368.
[155] 李长江,蒋叙良,徐有浪,等. 浙江中生代热液矿床的分形研究[J]. 地质科学,1996,31(3):264-271.
[156] 李青,段瑞春,凌文黎,等. 桂东早古生代地层碎屑锆石U-Pb同位素年代学及其对华夏陆块加里东期构造事件性质的约束[J]. 地球科学,2009,34(1):189-202.
[157] 李清泉,杨必胜,史文中,等. 三维空间数据的实时获取、建模和可视化[M]. 武汉:武汉大学出版社,2003.
[158] 李先福,李建威,傅昭仁,等. 湘赣边地区走滑断裂致矿异常的结构样式与分形特征[J]. 地球科学:中国地质大学学报,1998,23(2):141-146.
[159] 林舸,Zhao C,王岳军,等. 含矿流体混合反应与成矿作用的动力平衡模拟研究[J]. 岩石学报,2003,19(2):275-282.
[160] 刘亮明,疏志明,赵崇斌,等. 矽卡岩矿床的汇流扩容空间控矿机制及其对深部找矿的意义:以铜陵-安庆地区为例[J]. 岩石学报,2008,24:1848-1856.
[161] 刘亮明,周瑞超,赵崇斌. 构造应力环境对浅成岩体成矿系统的制约:从安庆月山岩体冷却过程动力学计算模拟结果分析[J]. 岩石学报,2010,26(9):2869-2877.
[162] 刘腾飞. 桂东花岗岩类特征及其与金矿关系[J]. 广西地质,1993,6(4):77-86.
[163] 毛先成,唐艳华,赖健清,等. 凤凰山矿田成矿地质体三维结构与控矿地质因素分析[J]. 地质学报,2011,85(9):1507-1518.
[164] 孟良义. 斑岩铜钼矿床的蚀变和矿化[J]. 科学通报,1992,23:2162-2164.
[165] 孟树,闫聪,赖勇,等. 内蒙古车户沟钼铜矿成矿年代学及成矿流体特征研究[J]. 岩石学报,2013,29(1):255-269.
[166] 孟宪刚,邵兆刚,白嘉启,等. 西藏羊八井-林周地区水热成矿系统与模拟[J]. 地质力学学报,2006,12:329-337.
[167] 孟祥金,侯增谦,高永丰,等. 碰撞造山型斑岩铜矿蚀变分带模式-以西藏冈底斯斑岩

铜矿带为例[J]. 地学前缘, 2004, 11(1): 201-214.

[168] 彭松柏,金振民,刘云华,等. 云开造带强过铝深熔花岗岩地球化学、年代学及构造背景[J]. 地球科学, 2006, 31(1): 109-120.

[169] 屈红刚,潘懋,明镜,等. 基于交叉折剖面的高精度三维地质模型快速构建方法研究[J]. 北京大学学报(自然科学版), 2008, 3(1): 84-89.

[170] 任启江,郭国章,冯祖钧,等. 陕西金堆城斑岩钼矿成矿过程中热及流体传输的计算模拟[J]. 矿床地质, 1994, 13(1): 88-95.

[171] 芮宗瑶. 中国斑岩铜(钼)矿床[M]. 北京: 地质出版社, 1984.

[172] 芮宗瑶,侯增谦,曲晓明,等. 冈底斯斑岩铜矿成矿时代与青藏高原隆升[J]. 矿床地质, 2003, 22: 217-225.

[173] 芮宗瑶,张立生,陈振宇,等. 斑岩铜矿的源岩和源区探讨[J]. 岩石学报, 2004, 20(2): 229-238.

[174] 沈步明,沈远超. 新疆某金矿的分数维特征及其地质意义[J]. 中国科学(B辑), 1993, 23(3): 297-302.

[175] 施俊法,王春宁. 中国金矿床分形分布及对超大型的勘察意义[J]. 地球科学, 1998, 23(6): 616-619.

[176] 史文中,吴立新,李清泉,等. 三维空间信息系统模型与算法[M]. 北京: 电子工业出版社, 2007.

[177] 孙洪泉. 地质统计学及其应用[M]. 徐州: 中国矿业大学出版社, 1990.

[178] 孙涛,刘亮明,赵义来,等. 基于Gocad平台的复杂地质体系的动力学建模研究[J]. 矿产与地质, 2011, 25(2): 163-167.

[179] 谭凯旋,刘顺生,谢焱石. 新疆阿尔泰地区矿床分布的多重分形分析[J]. 大地构造和成矿学, 2000, 24(4): 333-341.

[180] 谭凯旋,谢焱石,赵志忠. 构造-流体-成矿体系的反应-输运-力学耦合模型和动力学模拟[J]. 地学前缘, 2001, 8(4): 315-319.

[181] 谭凯旋,谢焱石,王清良,等. 新疆阿尔泰地区断裂构造的多重分形特征及其对热液成矿的控制[J]. 地学前缘, 2004, (04): 115-116.

[182] 王庆飞,邓军,万丽,等. 山东大尹格庄金矿蚀变岩中矿体分布稳定性的动力学控制参量探讨[J]. 岩石学报, 2007, 23(4): 590-593.

[183] 吴立新,史文中. 地理信息系统原理与算法[M]. 北京: 科学出版社, 2003.

[184] 吴立新,史文中,Christopher G. 3DGIS与3DGMS中的空间构模技术[J]. 地理与地理信息科学, 2003, 19(1): 5-11.

[185] 吴立新,史文中. 论三维地学空间构模[J]. 地理与地理信息科学, 2005, 21(1): 2-4.

[186] 武强,关文革,贾丽萍,等. 面向矿区复杂地质体的四面体生成算法[J]. 中国矿业大学学报, 2005, 34(5): 617-621

[187] 武强,徐华. 虚拟地质建模与可视化[J]. 北京: 科学出版社, 2011.

[188] 肖克炎,李景朝,陈郑辉,等. 中国铜矿床品位吨位模型[J]. 地质论评, 2004, 50(1): 50-55.

[189] 席先武,杨立强,王岳军,等. 构造体制转换的温度场效应及其耦合成矿动力学数值模拟[J]. 地学前缘, 2003, 10(1): 48-50.

[190] 谢焱石,谭凯旋,陈广浩. 湘西沃溪金锑钨矿床分形成矿动力学[J]. 地学前缘, 2004, 11(1): 105-112.

[191] 许华,黄炳诚,倪战旭,等. 钦杭成矿带西段古龙花岗岩株群岩石学\地球化学及年代学[J]. 华南地质与矿产, 2012, 28(4): 331-340.

[192] 徐文艺,任启江,徐兆文,等. 福建紫金山铜金矿床成矿流体演化数值模拟[J]. 矿床地质, 1997, 16(2): 163-169.

[193] 许智迅,刘亮明,孙涛. 大瑶山加里东造山带中部与斑岩相关金矿床的特殊性及构造环境对其制约作用:以大王顶金矿为例[J]. 地质与勘探, 2012, 48(2): 1-8.

[194] 薛春纪,池国祥,陈毓川,等. 西南三江兰坪盆地大规模成矿的流体动力学过程——流体包裹体和盆地流体模拟证据[J]. 地学前缘, 2007, 14(5): 147-157.

[195] 杨瑞琰,马东升,鲍征宇,等. 双扩散对流与成矿元素富集的机制[J]. 自然科学进展, 2004, 14(10): 1135-1141.

[196] 杨志明,侯增谦,宋玉财,等. 西藏驱龙超大型斑岩铜矿床:地质、蚀变与矿化[J]. 矿床地质, 2008, 27: 279-318.

[197] 於崇文. 江西德兴斑岩铜矿田成矿作用的流体动力分形弥散机制[J]. 地质论评, 1995, 41(3): 211-220.

[198] 於崇文. 地质系统的复杂性[M]. 北京:地质出版社, 2003.

[199] 曾庆栋,刘建明,张作伦,等. 华北克拉通北缘西拉沐伦钼多金属成矿带钼矿化类型、特征及地球化学背景[J]. 岩石学报, 2009, 25(5): 1225-1238.

[200] 曾庆栋,刘建明,褚少雄,等. 西拉沐伦成矿带中生代花岗岩浆活动与钼成矿作用[J]. 吉林大学学报(地球科学版), 2011, 41(6): 1705-1714.

[201] 张德会,於崇文,鲍征宇,等. 银山多金属矿床成矿分带的流体动力学计算模拟[J]. 地球科学, 1998, 23(3): 267-271.

[202] 张德会,张文淮,许国建. 岩浆热液出溶和演化对斑岩成矿系统金属成矿的制约[J]. 地学前缘, 2001, 8(3): 193-202.

[203] 张芳荣,舒良树,王德滋,等. 华南东段加里东花岗岩类形成构造背景初探[J]. 地学前缘, 2009, 16(1): 248-260.

[204] 张恒兴. 古袍金矿志隆矿段1#脉金的富集特点和规律[J]. 黄金, 1988, 5: 17-21.

[205] 张连昌,吴华英,相鹏,等. 中生代复杂构造体系的成矿过程与成矿作用——以华北大陆北缘西拉木伦钼铜多金属成矿带为例[J]. 2010, 26(5): 1351-1362.

[206] 赵义来,刘亮明,蔡爱良,等. 安徽安庆铜矿接触带三维形态及其控矿机制分析[J]. 地质与勘探, 2010, 46(4): 649-656.

[207] 赵义来,刘亮明. 复杂形态岩体接触带成矿耦合动力学三维数值模拟:以安庆铜矿为例[J]. 大地构造与成矿学, 2011, 35(1): 128-136.

[208] 赵义来. 安庆月山矿田成矿系统的结构与动力学过程计算模拟[R]. 长沙:中南大学, 2012.

[209] 中国冶金地质总局中南局南宁地质调查所. 广西昭平县古袍矿区大王顶矿段金矿详查报告[R]. 2008.

[210] 朱桂田,朱文风. 广西大瑶山古里脑和龙头山金矿岩浆期后断裂成矿作用及找矿意义[J]. 矿产与地质,2006,20(3):214-218.

[211] 朱良峰,潘信,吴信才,等. 地质断层三维可视化模型的构建方法与实现技术[J]. 软件学报,2008,19(8):2004-2017.

[212] 朱训,黄崇轲,芮宗瑶,等. 德兴斑岩铜矿[M]. 北京:地质出版社,1983.

图书在版编目(CIP)数据

斑岩相关矿床复杂系统的计算模拟/孙涛,刘亮明著.
—长沙:中南大学出版社,2016.1
ISBN 978-7-5487-2244-1

Ⅰ.斑… Ⅱ.①孙…②刘… Ⅲ.斑岩矿床－计算－模拟
Ⅳ.P611.1

中国版本图书馆 CIP 数据核字(2016)第 093873 号

斑岩相关矿床复杂系统的计算模拟
BANYAN XIANGGUAN KUANGCHUANG FUZA XITONG DE JISUANMONI

孙 涛 刘亮明 著

□责任编辑	刘石年　刘小沛			
□责任印制	易建国			
□出版发行	中南大学出版社			
	社址:长沙市麓山南路		邮编:410083	
	发行科电话:0731-88876770		传真:0731-88710482	
□印　　装	湖南鑫成印刷有限公司			
□开　　本	720×1000　1/16	□印张 9.5	□字数 185 千字	
□版　　次	2016 年 1 月第 1 版	□印次	2016 年 1 月第 1 次印刷	
□书　　号	ISBN 978-7-5487-2244-1			
□定　　价	68.00 元			

图书出现印装问题,请与经销商调换